U0349183

高效生态养猪与疫病诊断防治

彩色图谱

朱锦光　刘院利　邹春丽　主编

中国农业科学技术出版社

图书在版编目（CIP）数据

高效生态养猪与疫病诊断防治彩色图谱 / 朱锦光，刘院利，邹春丽主编 .—北京：中国农业科学技术出版社，2020.1

ISBN 978-7-5116-4579-1

Ⅰ.①高…　Ⅱ.①朱…②刘…③邹…　Ⅲ.①养猪学-图谱②猪病-诊疗-图谱③猪病-防治-图谱　Ⅳ.①S828-64②S858.28-64

中国版本图书馆 CIP 数据核字（2019）第 293045 号

责任编辑　闫庆健　王思文
责任校对　马广洋

出 版 者　中国农业科学技术出版社
北京市中关村南大街 12 号　邮编：100081
电　　话　(010)82109705(编辑室)　(010)82109702(发行部)
(010)82109709(读者服务部)
传　　真　(010)82106625
网　　址　http://www.castp.cn
经 销 者　各地新华书店
印 刷 者　北京建宏印刷有限公司
开　　本　880 mm×1 230 mm　1/32
印　　张　4
字　　数　120 千字
版　　次　2020 年 1 月第 1 版　2020 年12月第 2 次印刷
定　　价　32.80 元

《高效生态养猪与疫病诊断防治彩色图谱》

编 委 会

主　编　朱锦光　刘院利　邹春丽

副主编　王海新　吕华涛　赵正全

编　委　王　鹏　杨长春　徐伟辉　鞠兴龙

前　言

近几年，为了有效解决传统生猪养殖对环境造成严重污染的问题，我国高度重视生猪养殖模式、养殖结构调整，大力推行生猪生态养殖模式，通过应用先进的养殖技术在确保生猪养殖效益的同时，对周围环境不会造成危害，提升养殖业的生态效益和经济效益。

本书全面、系统地介绍了高效生态养猪与疫病诊断防治的知识，内容包括：猪场选址及建设、生态猪场环境控制、猪的品种及繁殖、猪生态饲养管理、猪疫疾病防治等。

由于编者水平所限，书中难免存在不当之处，恳切希望广大读者和同行不吝指正。

编　者

2020 年 1 月

目　　录

第一章　猪场选址及建设

第一节　猪群及养猪工艺

一、猪群类别的划分

猪群的类别划分以猪的年龄、性别、用途和生产、生长阶段等为依据，划分的标准和名称必须统一，以便统计。

1. 哺乳仔猪（图 1–1）

指从初生到断奶前的仔猪。

图 1–1　哺乳仔猪

2. 保育猪（图 1–2）

指断奶到 70~80 日龄（6~9 千克到 20~30 千克）的幼猪。

3. 生长肥育猪

为 70~180 日龄的猪群，一般指体重在 20~30 千克到 90~110 千克阶段的猪。另外，以体重大小来区别，一般把体重长至 60 千克以前的叫生长猪，长至 60 千克以后的叫肥育猪。

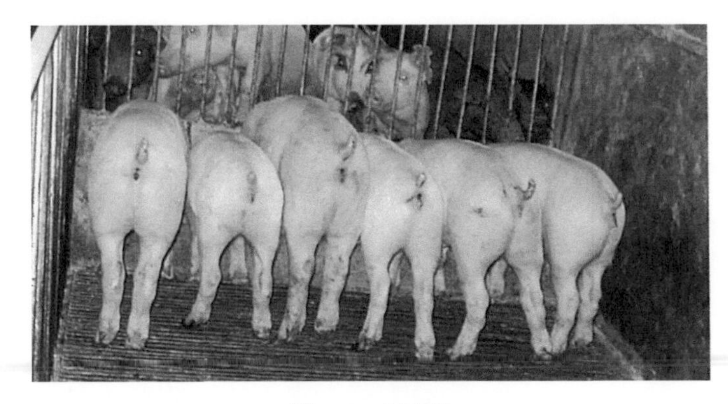

图 1-2　保育猪

4. 繁殖猪群

包括后备公、母猪，检定公、母猪和成年公、母猪。

(1) 后备猪。指从初选入围到配种以前暂时选留的公、母猪(图 1-3)。

图 1-3　后备母猪

(2) 检定公猪。指自参加初次配种始，到其与配母猪的第 1 批子代的待测性状测定结束止，这个阶段的年轻公猪。

(3) 检定母猪。指自参加初次配种始，到其第 1 胎仔猪的待测性状测定结束止，这个阶段的年轻母猪。

(4) 成年公、母猪。即基础公、母猪，是指经过检定合格的生产公、母猪。

5. 淘汰猪

指失去种用（利用）价值的后备、检定和成年公、母猪，以及因病不愈或因伤致残的其他猪。

二、猪群结构

规模猪场的猪群达到设计生产规模，并经过一定时间的调整之后，各类猪群的结构比例应有计划地保持基本的动态平衡。

规模猪场的猪群结构，因生产方式不同而异。自繁自育种猪场由成年种猪、检定种猪、后备猪、生长肥育猪、保育猪和哺乳仔猪等组成，自繁自育商品猪场一般不设检定种猪这个结构。成年种猪的各年龄（胎次）应有良好的构成比例。各类猪群在生产活动中的地位与作用各不相同，但成年种猪是基础群体，决定猪场的生产方向、生产规模和生产水平，对猪场效益起关键作用。

关于猪群的结构比例，在确定种猪品种、生产规模和繁育方式的前提下，制约猪场效益的关键主要是能繁母猪的群体规模和成年种公、母猪比例及能繁母猪间的年龄（胎次）结构比例。在正常状态和相对稳定的饲养管理水平下，虽然种猪的生产力水平随不同年龄（胎次）而异，但相同年龄（胎次）间是基本稳定的。因此，科学地确定能繁母猪群体规模和生产公、母猪比例及能繁母猪间的年龄（胎次）结构比例，是组织生产管理和提高效益的基础工作。

生产公、母猪比例的确定，因生产目的和繁育方式的不同而异。承担保种或育种任务的种猪场，不仅要满足配种任务的需要，更主要的是需确保血统的安全传承，稳定种群结构和控制群体的近交系数与亲缘系数，因而不能以公、母猪比例作衡量标准。商品猪场以繁育方式分自然交配（本交）和人工授精两类。在公猪充分利用的情况下，公、母猪比例本交为 1∶(40~60)、人工授精为 1∶(600~

1 000)。但受基础母猪规模的影响，猪场自用的利用率不可能高，尤其是当基础母猪群体不大时，还需考虑公猪的阶段性使用频率，因此，公、母猪比例一般以本交1：(20～30)、人工授精1：(100～200)为宜。公猪的年龄结构，一般以1～2岁占30%、2～3岁占60%、3岁以上占10%左右为宜。在条件许可的情况下，生产公猪年轻化对猪场生产水平的提高十分有益。

理论和实践证明，能繁母猪的生产性能一般3～6胎最佳，第7胎始渐趋下降，一般利用到第8胎后淘汰。鉴于此，母猪的胎次(年龄)结构一般以1胎约占18%、2胎约占12%、3～6胎约占50%、7胎及以上的占20%左右为宜。

后备猪的选择强度，根据生产目的不同而异。一般的选留比例以公猪1：(5～6)、母猪1：3左右为宜。当然，后备猪的选择强度越大，则选种的准确性越高，但将伴随着培育成本的提高（图1-4）。

图1-4　后备猪的选留

三、养猪生产模式

中国传统的规模化养猪主要有专业户和工厂化养猪两种模式，传统养猪生产模式正在向现代化、规模化方式转变。

（一）专业化养猪公司模式

散户的退出给大型养猪企业留下了发展的空间，一些有充足资本、技术和人才的公司将利用这一机会大力发展养猪生产，通过技术、管理提高生产效率，控制成本，形成行业竞争能力，成为专业化的养猪公司。

（二）规模化、一体化的养猪企业模式

一些大企业不仅仅满足参与养猪，而是将养猪的上、下产业链囊括进来，从种猪繁育、饲料加工、生猪养殖、屠宰加工和市场销售等，形成一个完整的猪产业链。

（三）多方合作养猪模式

这种模式在四川已有成功的典范。一是资阳的“六方合作”即：种猪企业+饲料企业+屠宰加工企业+金融机构+担保公司+协会农民。二是乐山的“八方互动”即：加工龙头企业+受控猪场+饲料企业+兽药企业+金融机构+保险公司+担保公司+政府部门。

（四）专业化适度规模养猪模式

选择留在农村创业的一部分农民，他们以养猪生产作为生计的主要来源，他们有养猪场地、有一定的资金、有政府的支持，他们掌握了必要的养猪技术和管理能力，能随形势的变化而调节生产规模（存栏种母猪 50~500 头，或年出栏商品猪 500~5 000 头），他们能带动更多的农户进入适度规模养猪生产，他们是现代养猪业的主力军。

（五）养猪协会模式

规模较小的养猪农户，自发组织起来成立养猪协会，提高他们的市场组织化程度，提高市场驾驭能力，协会为他们提供养猪技术培训、管理、信息、协调等方面的服务，他们按照出栏生猪数量向协会缴纳一定的会费，以保障养猪协会的正常运转。

四、养猪生产工艺流程

现代化养猪生产一般采用分段饲养、全进全出饲养工艺，猪场的饲养规模不同、技术水平不一样，不同猪群的生理要求也不同，为了使生产和管理方便、系统化，提高生产效率，可以采用不同的饲养阶段，实施全进全出工艺。以下介绍几种常见的工艺流程。

1. 三段饲养工艺流程

空怀及妊娠期→泌乳期→生长肥育期。

三段饲养二次转群是比较简单的生产工艺流程，它适用于规模

较小的养猪企业，其特点是简单，转群次数少，猪舍类型少，节约维修费用，还可以重点采取措施，例如分娩哺乳期可以采用好的环境控制措施，满足仔猪生长的条件，提高成活率，提高生产水平。

2. 四段饲养工艺流程

空怀及妊娠期→泌乳期→仔猪保育期→生长肥育期。

在三段饲养工艺中，将仔猪保育阶段独立出来就是四段饲养三次转群工艺流程，保育期一般 5 周，猪的体重达 20 千克，转入生长肥育舍（图 1–5）。断奶仔猪比生长肥育猪对环境条件要求高，这样便于采取措施提高成活率。在生长肥育舍饲养 15 ~ 16 周，体重达 90 ~ 110 千克出栏。

图 1–5　漏缝地板生长肥育舍

3. 五段饲养工艺流程

空怀配种期→妊娠期→泌乳期→仔猪保育期→生长肥育期。

五段饲养四次转群与四段饲养工艺相比，是把空怀待配母猪和妊娠母猪分开，单独组群，有利于配种，提高繁殖率。空怀母猪配种后观察 21 天，确妊后转入妊娠舍（图 1–6）饲养至产前 7 天转入分娩哺乳舍。这种工艺的优点是断奶母猪复膘快、发情集中、便于发情鉴定，容易把握适时配种。

4. 六段饲养工艺流程

空怀配种期→妊娠期→泌乳期→保育期→育成期→肥育期。

图 1–6　妊娠舍

六段饲养五次转群与五段饲养工艺相比，是将生长肥育期分成育成期和肥育期，各饲养 7~8 周。仔猪从出生到出栏经过哺乳、保育、育成、肥育四段。此工艺流程优点是可以最大限度地满足其生长发育的饲养营养、环境管理的不同需求，充分发挥其生长潜力，提高养猪效率。

5. 以场全进全出的饲养工艺流程

大型规模化猪场要实行多点式养猪生产工艺及猪场布局，以场为单位实行全进全出。以场为单位实行全进全出，有利于防疫、有利于管理，可以避免猪场过于集中给环境控制和废弃物处理带来负担。

第二节　猪场选择

一、猪场场址选择

建造一个猪场，首先要考虑选址问题。场址选择要考虑综合性因素，如面积、地势、朝向、交通、水源、电源、防疫条件、自然灾害及经济环境等。猪场要选在农村，最好选在山区，实行农、林(果)、牧结合，把猪场排出的粪、尿就近上到田里、林（果）地里，走生态养殖的道路。因此，选择场地应遵循以下原则。

1. 地势干燥，通风良好

猪场一般要求地形整齐开阔，地势较高、干燥、平坦或有缓坡，背风向阳。远离村镇、交通要道、其他畜牧场3千米以上，远离屠宰场、化工厂及其他污染源，通风良好、排水良好的地方。

2. 交通便利，利于防疫

猪场必须选在交通便利的地方，交通便利对猪场极为重要。一个万头猪场平均一天进出饲料约20吨，每天运出商品猪30头左右，肥料4吨，交通不便会给生产带来巨大困难。因猪场的防疫需要和对周围环境的污染，规模猪场应建在离城区、居民点、交通干线较远的地方，一般要求离交通要道和居民点1千米以上。如果有围墙、河流、林带等屏障，则距离可适当缩短些。禁止在旅游区及工业污染严重的地区建场。

3. 水源和电源要充足

猪场水源要求水量充足，水质良好，便于取用和进行卫生防护。水源水量必须能满足场内生活用水、猪只饮用及饲养管理用水（如清洗调制饲料、冲洗猪舍（图1–7）、清洗机具、用具等）的要求。猪的日饮水量约为：成年猪10~20升，哺乳母猪30~45升，青年猪

图1–7　高压水冲洗猪舍

8~10升，一般一个万头猪场日用水量100~150吨。为保证供给猪场优质的水，选择猪场时，应首先对水质进行化验，分析水中的盐类及其他无机物的含量，并要考察是否被微生物污染，与水源有关的疫病高发区，不能作为无公害猪肉生产地。万头猪场应该有成套的机电设备，包括供水、保温、通风、饲料加工、清洁、消毒、冲洗等设备，加上职工生活用电，一个万头猪场装机容量（饲料加工除外）应有70~100千瓦。如果当地电网不能稳定供电，大型猪场应自备相应的发电机组。

4. 农牧结合

农牧结合是山区创办大型猪场，走生态养殖解决环境污染的根本途径。一个万头猪场每天产生粪尿、污水总量近50吨。最好配套有鱼塘、蔬菜田、苗木花卉田、果林或耕地。这些粪尿如果通过猪场配套的农田、果园、鱼塘等自然消化，是很好的肥料；如果无序乱排放，会造成极大的环境污染。因此，在选址时要考虑周围有农田、果园、鱼塘等。国外的大型牧场也多采用集粪池存放粪尿，定期运送到田野里，当做农作物肥料。这是最划算、最经济的粪便处理方式。

5. 场地面积

猪场占地面积依据猪场生产的任务、性质、规模和场地的总体情况而定。猪场总占地面积应符合年出栏1头肥育猪占地2.5~4平方米的要求，生产建筑面积应符合年出栏1头肥育猪需0.8~1平方米的要求。所以，一个年出栏1万头的规模猪场需占地面积约3.3公顷（1亩≈667平方米，15亩=1公顷。全书同）生产建筑面积需1公顷左右。一般1个万头猪场大约需要80公顷土地才能消化掉粪便。

二、猪场建筑规划设计

场地选定后，须根据有利防疫、改善场区小气候、方便饲养管理、节约用地等原则，考虑当地气候、风向、场地的地形地势、猪场各种建筑物和设施的尺寸及功能关系，规划全场的道路、排水系统、场区绿化等，安排各功能区的位置及每种建筑物和设施的朝向、位置。一般整个猪场的场地规划可分为三区式——生活管理区、生产配套区（饲料车间、仓库、兽医室、更衣室等）、生产区。生产区三点式布局——繁殖、保育、肥育，相距 500 米以上。配种怀孕舍、分娩舍、保育舍（图 1-8）、生长舍、肥育（或育成）舍、装猪台，从上风方向向下风方向排列。进料和出粪道严格分开，场区内净道和污道分开，互不交叉，防止交叉污染和疫病传播。根据防疫需求应建有消毒室、隔离舍、病死猪无害化处理间等，应距离猪舍的下风 50 米以上。

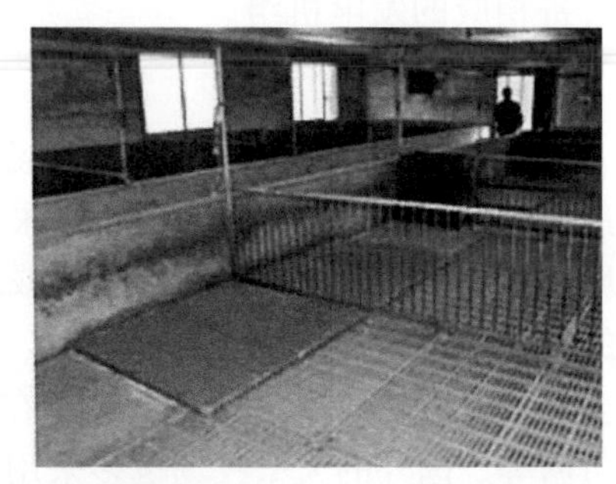

图 1-8　高床漏缝地板保育舍

1. 生产区

生产区分为繁殖区、保育区、肥育区 3 个大区，区与区之间设隔离带，繁殖区设在人流较少和猪场的上风向。依次按种公猪舍（图 1-9）、待配舍、妊娠舍，分娩舍、保育区、肥育区、销售舍排列布局。在设计时，使猪舍方向与当地夏季主导风向呈 30°～60°角，使每排猪舍在夏季得到最佳的通风条件。在生产区的入口处，设专门的消毒间或消毒池，以便进入生产区的人员和车辆进行严格的消毒。

2. 辅助生产区

辅助生产区包括猪场生产管理必需的附属建筑物，如饲料加工车间、饲料仓库、修理车间、变电所、锅炉房、水泵房等。它们和日常的饲养工作有密切的关系，所以这个区与生产区毗邻建立。

3. 病猪隔离区

病猪隔离区远离生产区，设在下风向、地势较低的地方，以免

图 1-9　种公猪舍

影响生产猪群。

4. 兽医室

设在生产区内，只对区内开门，为便于病猪处理，设在下风方向。

5. 生活区

包括门卫室、办公楼、食堂、宿舍等，单独设立，在生产区的上风向，或与风向平行的一侧。此外猪场周围建围墙，设防疫沟，以防兽害和避免闲杂人员进入场区。

6. 道路

道路对生产活动正常进行，对卫生防疫及提高工作效率起着重要的作用。场内道路应净、污分道，互不交叉，出入口分开。净道的功能是人行和饲料、产品的运输，污道为运输粪便、病猪和废弃设备的专用道。

7. 水塔

自设水塔是清洁饮水正常供应的保证，位置选择要与水源条件相适应，且应安排在猪场最高处。

8. 粪污处理区

干粪实行堆积发酵法，猪场要建立贮粪房，每天清扫的猪粪放入粪房内，经过一段时间堆积发酵后作农田肥料，经其干燥后再加工利用。也可建立多级污水净化池和生物处理池或建立大型沼气池来处理综合利用粪便，对尿液和污水，经过处理后排放到水产区和种植区，可基本上消除水对环境的污染。

9. 绿化

绿化不仅美化环境，净化空气，也可以防暑、防寒，改善猪场的小气候，同时还可以减弱噪声，促进安全生产，从而提高经济效益。在猪场主要道路两侧种植速生林，畜舍周围前后种植花草树木，如瓜果、葡萄和其他藤本植物，对优化猪场本身的生态和环境的保护、改善，起着十分重要的作用。有害气体经过绿化植物可有 25% 被阻留净化。有些植物的花和叶还能分泌一种芳香物质，可将猪场废弃物释放的细菌和真菌杀死。

第三节 猪舍建筑

猪舍是养猪场的核心部分和主要环境工程设施。一栋理想的猪舍冬暖夏凉，舍内环境温度适宜猪的生长发育；舍内空气质量优良，保持干燥；适合生产工艺流程，利于操作管理和实现机械化、自动化；结构牢固适用，维护费用少，生产成本低。猪舍的设计要求为：在寒冷地区以保温防潮为主；在温暖地区以隔热为主，兼顾防寒防潮；在炎热地区以隔热防潮为主。

一、猪舍建筑设计原则

第一，猪舍排列和布置必须符合生产工艺流程要求。一般按配种舍（图 1-10）、妊娠舍、分娩舍、保育舍、生长舍和肥育舍依次排列，尽量保证一栋猪舍一个工艺环节，便于管理和防疫。

第二，依据不同生长时期猪对环境的要求，对各种猪舍的地面、墙体、门屋顶等做特殊设计处理。

第三，猪舍建筑要便利、清洁、卫生，保持干燥，有利于防疫。

第四，猪舍建筑要与机电设备密切配合，便于机电设备、供水设备的安装。

图 1–10　配种舍

第五，因地制宜，就地取材，尽量降低造价，节约投资。

二、猪舍建筑基本结构

猪舍的基本结构包括地面、墙、门窗、屋顶等，这些又统称为猪舍的“外围护结构”。猪舍的小气候状况，在很大程度上取决于外围护结构的性能。

1. 地面

猪舍地面关系到舍内的空气环境、卫生状况和使用价值。地面散失的热量，占猪舍总失热量的 12%～15%。地面要求保温、坚实、不透水、平整、不滑、便于清扫和清洗消毒。地面应斜向排粪沟，坡度为 2%～3%，以利保持地面干燥。猪舍地面分实体床面和漏缝地板。

实体床面如采用土质地面、三合土地面或砖地面，虽然保温好，费用低，但不坚固、易透水、不便于清洗和消毒；若采用水泥地面，虽坚固耐用，易清洗消毒，但保温性能差。为克服水泥地面潮湿和传热快的缺点，猪栏地面层最好选用导热系数低的材料，垫层可采用炉灰渣、膨胀珍珠岩、空心砖等保温防潮材料。实体床面不适用于保育仔猪和幼龄猪。

漏缝地板是由混凝土或木材、金属、塑料制成的，能使猪与粪、尿隔离，易保持卫生清洁、干燥的环境，对幼龄猪生长尤为有利。

仔猪适合于塑料漏缝地板或钢筋编织漏缝地板网；母猪适合混凝土、金属地板制成的板块；生长肥育猪适合于混凝土制成的板块。

2. 墙壁

墙壁为猪舍建筑结构的重要部分，它将猪舍与外界隔开，对舍内温湿度保持起着重要作用。据测定，冬季通过墙壁散失的热量占整个猪舍总失热量的35%～40%。对墙壁的要求是：①坚固耐用抗震。承载力和稳定性必须满足结构设计要求。②墙内表面要便于清洗和消毒。地面以上1.0～1.5米高的墙面应设水泥墙裙，以防冲洗消毒时溅湿墙面和防止被猪弄脏。③墙壁应具有良好的保温隔热性能。目前，我国猪舍墙体的材料多采用黏土砖。砖墙内表面宜用白灰水泥砂浆粉刷，既有利于保温防潮，又可提高舍内照明度和便于消毒等。猪舍主体墙的厚度一般为37～49厘米。猪栏隔墙或猪栏高为母猪舍（图1-11）、生长猪舍0.9～1.0米，公猪舍1.3～1.4米，肥育猪舍0.8～0.9米；隔墙厚度为砖墙15厘米；木栏、铁栏4～8厘米。

图1-11　母猪舍

3. 门窗

猪舍设门有利于猪的转群、运送饲料、清除粪便等。一栋猪舍至少应有两个外门，一般设在猪舍的两端墙上，门向外开，门外设坡道而不应有门槛、台阶。猪舍内外高差一般为15～20厘米。猪舍门高2.0～2.2米，宽1.5～2.0米。猪棚栏门大猪高0.9～1.0米，宽0.7～0.8米；公猪高1.3米，宽0.7～0.8米；小猪高0.8～1.0米，宽 0.6~0.7 米；仔猪高 0.4 米，宽 0.3 米。

窗户主要用于采光和通风换气。窗户面积大则采光多，换气好，但冬季散热和夏季向舍内传热也多，不利于冬季保温，夏季防暑。窗户的大小、数量、形状、位置应根据当地气候条件合理设计。一般窗户面积占猪舍面积的 1/10~1/8，窗台高 0.9~1.2 米，窗上口至舍檐高 0.3~0.4 米。

4. 屋顶

起遮挡风雨和保温隔热的作用。要求坚固，有一定的承重能力，不透风，不漏水，耐火，结构轻便，同时必须具备良好的保温隔热性能。猪舍加吊顶可提高其保温隔热性能。

5. 猪舍通道

是猪舍内为喂饲、清粪、进猪、出猪、治疗观察及日常管理等作业留出的道路。猪舍通道分喂饲通道、清粪通道和横向通道 3 种。从卫生防疫角度考虑，喂饲通道和清粪通道应该分开设置。当猪舍较长时，为了提高作业效率，还应设置横向通道。通道地面一般用混凝土制作，要有足够的强度。为了避免积水，通道向两侧应有 0.1% 坡度。一般情况下，喂饲通道宽 1.0~1.2 米，清粪通道宽 0.9~1.2 米，横向通道宽 1.5~2.0 米。

6. 猪舍高度

指猪舍地面到顶棚之间的高度。猪在舍内的活动空间是地面以上 1 米左右的高度范围内，该区域内的空气环境（温、湿度和空气质量）对猪的影响最大，而工作人员在舍内的适宜操作空间的高度是地面以上 2 米左右。为了使舍内保持较好的空气环境，必须有足够的舍内空间，空间过大不利于冬季保温，空间过小不利于夏季防暑。猪舍高度一般为 2.2~3.0 米。现介绍几种常见的大、中、小型猪舍规格。①大型舍：长 80~100 米，宽 8~10 米，高 2.4~2.5 米。②中型舍：长 40~50 米，高 2.3~2.4 米，单列式宽 5~6 米，双列式 8~9 米。③小型舍：长 20~25 米，高 2.3~2.4 米，单列式宽 5~6 米，双列式宽 8~9 米。

三、猪舍建筑常见类型

按屋顶形式分单坡式、双坡式、联合式、平顶式、拱顶式、钟楼式、半钟楼式等。

按墙的结构分开放式、半开放式和密闭式。

1. 开放式（图 1–12）

三面有墙，一面无墙，其结构简单，通风采光好，造价低，但冬季防寒困难。

图 1–12　开放式猪舍

2. 半开放式（图 1–13）

三面有墙，一面设半截墙，略优于开放式。

图 1–13　半开放式猪舍

3. 密闭式

分有窗式和无窗式。有窗式四面设墙，窗设在纵墙上，窗的大小、数量和结构应结合当地气候而定，有窗式猪舍保温隔热性能好。无窗式四面有墙，墙上只设应急窗（停电时使用），与外界自然环境隔绝程度较高，舍内的通风、采光、舍温全靠人工设备调控，能为猪提供较好的环境条件，有利于猪的生长发育，提高生产率，但这种猪舍建筑、装备、维修、运行费用大。

按猪栏排列分单列式、双列式和多列式。

1. 单列式

猪栏一字排列，一般靠北墙设饲喂走道，舍外可设或不设运动场，跨度较小，结构简单，省工省料造价低，但不适合机械化作业。

2. 双列式

猪栏排成两列，中间设一工作道，有的还在两边设清粪道。猪舍建筑面积利用率高，保温好，管理方便，便于使用机械。但北侧采光差，舍内易潮湿。

3. 多列式

猪栏排列成 3 列以上，猪舍建筑面积利用率更高，容纳猪多，保温性好，运输路线短，管理方便。缺点是采光不好，舍内阴暗潮湿，通风不畅，必须辅以机械，人工控制其通风、光照及温湿度。

按使用功能分公猪舍、配种猪舍、妊娠猪舍、分娩哺乳猪舍、保育猪舍、生长猪舍、肥育猪舍和隔离猪舍等。

1. 公猪舍

指饲养公猪的圈舍。公猪舍多采用单列式结构，舍内净高 2. 3~3. 0 米，净宽 4. 0~5. 0 米，并在舍外向阳面设立运动场供公猪运动。可以建立专门的公猪舍，也可以将公猪与空怀母猪、后备母猪和妊娠母猪饲养在一个舍内。

2. 配种猪舍

指专门为空怀待配母猪进行配种的猪舍。在大中型养猪场可将空怀母猪、后备母猪和公猪饲养在配种猪舍中，可群养，亦可单养，并设置配种猪栏，有条件时在公猪和后备母猪饲养区的舍外，要设置相应的运动场供猪运动。将空怀母猪和公猪同在配种猪舍中饲养，可以减轻饲养人员猪配种时的劳动强度。

3. 妊娠猪舍

指饲养妊娠母猪的猪舍。妊娠猪舍地面一般采用部分铺设漏缝地板的混凝土地面。妊娠母猪采用单体或小群（6~8 头）饲养。

4. 分娩哺乳猪舍

简称分娩猪舍，亦称产仔舍（图 1-14），指饲养分娩哺乳母猪的猪舍。分娩哺乳猪舍要求外围护结构有较高的保温隔热性能，冬季要防止“贼风”侵入。由于仔猪要求适宜环境温度为 34 ~ 25℃，并随日龄的增长而下降，因此，在分娩哺乳猪舍内必须配备局部采暖设备，为仔猪提供较高的局部环境温度。通常是将局部采暖设备安装在仔猪箱中（一种用木板、水泥板或玻璃钢制成的箱子），为仔猪创造一个温暖舒适的局部环境。

图 1-14　产仔舍

为了有利于卫生防疫，分娩哺乳猪舍宜采用全进全出的工艺流程。为与该工艺流程相配合，分娩哺乳猪舍正趋向于将猪舍分割成若干个单元，每个单元饲养 6~24 头哺乳母猪，母猪分娩栏在单元内的布置一般采用双列三通道的形式，每个单元内的母猪同时进入，并同时转出，待母猪和断乳仔猪转出后，将单元进行彻底消毒后再进入下一批待产母猪。

5. 保育猪舍

亦称培育猪舍、断乳仔猪舍或幼猪舍，指饲养断乳仔猪的猪舍。保育猪舍要求其外围护结构具有较高的保温隔热性能，冬季要防止“贼风”侵入。哺乳仔猪断奶后从分娩哺乳猪舍转入保育猪舍饲养至10周龄，这一饲养阶段的猪被称为保育猪或断乳仔猪和幼猪。保育猪通常采用高床网上饲养，一般采用原窝转群，也可并窝大群饲养，但每群不宜超过25头。为了便于卫生防疫和采用全进全出的工艺流程，保育猪舍正趋向于将猪舍分割成若干个单元，每个单元的猪同时转入和转出。待猪转出后，将单元进行彻底消毒后再进入下一批猪。

6. 生长猪舍

也叫育成猪舍。在养猪场中，猪群按妊娠—分娩哺乳—保育—生长—肥育五阶段饲养时，断乳仔猪经保育舍饲养到10周龄后转入生长猪舍饲养7~8周。生长猪一般采用地面饲养，并利用混凝土铺设部分或全部漏缝地板，猪栏通常采用双列或多列式。在种猪场中，猪经过在生长猪舍的饲养阶段后，被选好的猪即可作为种猪出售。在商品猪场，则转入肥育猪舍中继续饲养。

7. 肥育猪舍

指饲养肥育猪的猪舍。肥育猪舍的结构一般与生长猪舍相同，对舍内温湿度环境的要求不高于生长猪舍。肥育阶段是商品猪饲养的最后阶段，在采用妊娠—分娩哺乳—保育—生长—肥育五阶段饲养时，经过生长阶段饲养的猪转入肥育猪舍饲养6~7周，体重达到90~100千克时，即可作为商品猪出栏上市。

8. 隔离猪舍

指对新购入的种猪进行隔离观察或对本场疑似有传染病但还具有经济价值的猪只进行隔离治疗饲养的猪舍，主要功能是防止外购种猪将传染病带入本场，并防止本场猪群的相互接触传染。隔离猪舍的饲养容量一般为全场母猪总头数的5%左右，舍内要求卫生、护理条件好，易于实行各种消毒措施。

第二章　生态猪场环境控制

第一节　调查猪舍环境气候因素

猪的生理特点是：小猪怕冷，大猪怕热，大小猪都不耐潮湿，还需要洁净的空气。因此，规模化猪场猪舍的结构和工艺设计都要围绕着这些特点来考虑。而这些因素又是相互影响、相互制约的。例如，在冬季为了保持舍温，需门窗紧闭，但造成了空气的污浊；夏季向猪体和猪圈冲水可以降温，但增加了舍内的湿度。由此可见，猪舍内的小气候调节必须综合考虑。

一、温度

猪正常生产性能的发挥需要适宜的环境温度，环境温度过高或过低都影响猪的生长和发育。低温会降低饲料的转化率和猪体的抵抗力；高温会使猪的采食量、猪肉品质、母猪繁殖性能、公猪精液品质下降，并易引发中暑。

二、湿度

无论是幼猪还是成年猪，当其所处的环境温度在较佳范围内时，舍内空气的相对湿度对猪的生产性能基本无影响。相对湿度过低时猪舍内容易飘浮灰尘，对猪的黏膜和抗病力不利；相对湿度过高会使病原体易于繁殖，也会缩短猪舍建筑结构和舍内设备的使用寿命。猪场湿度一般在40%~75%。过低或过高都易引起呼吸道、消化道疾病，影响饲料的利用率。

三、光照

光照会显著影响仔猪的免疫功能和机体的物质代谢。延长光照时间或提高光照强度，可增强其肾上腺皮质的功能，提高免疫力，促进食欲，增强仔猪消化功能，提高增重速度与成活率。光照对生长肥育猪有一定影响，适当提高光照强度可增进猪的健康，提高猪的抵抗力。但提高光照强度也增加猪的活动时间。光照对种猪的性成熟有明显影响，较长的光照时间可促进性腺系统发育，性成熟较早；短光照，特别是持续黑暗，会抑制性系统发育，性成熟延迟。猪的繁殖与光照密切相关，配种前及妊娠期的光照时间显著影响母猪的繁殖性能。在配种前及妊娠期延长光照时间，能促进母猪雌二醇及孕酮的分泌，增强卵巢和子宫的功能，有利于受胎和胚胎发育，提高受胎率，减少妊娠期胚胎死亡。光照对肉猪的影响不大。

四、空气新鲜度

通风良好有利于排除猪舍内的有害气体（如氨气、硫化氢等）。有害气体浓度过高会抑制猪的生长发育，严重时导致中毒而死亡。

第二节 猪舍的日常清洁

一、人员、车辆清洁消毒设施

凡是进场人员都必须经过温水彻底冲洗、更换场内工作服，工作服应在场内清洗、消毒，更衣间主要设有热水器、淋浴间、洗衣机、紫外线灯等。

二、环境清洁消毒设备

国内外常见的环境清洁消毒设备有以下几种。

高压清洗机：对水进行加压形成高压水冲洗猪舍的清洗设备。常用的高压清洗机利用卧式三柱塞泵产生高压水。

火焰消毒（图 2–1）：利用煤油燃烧产生的高温火焰对猪舍及设备进行扫烧，杀灭各种病原微生物。

图 2–1　猪舍火焰消毒

人力喷雾器：也称手动喷雾器。在养猪场中用于对猪舍及设备的药物消毒常用的人力喷雾器有背负式喷雾器和背负式压缩喷雾器两种。

第三节　猪舍温度、湿度控制

一、通风系统

设计良好的通风系统，可使猪舍经常保持冷暖适宜、干燥清洁，不但能及时排除舍内的臭味或有害气体，而且还能防止疾风对猪体的侵害。

1. 自然通风

在自然通风的情况下，猪舍应合理地设计朝向、间距、门窗的大小和位置及屋面结构。一般情况下，单栋建筑物的朝向与当地夏季主导风向垂直，猪舍间距大于猪舍高度的 2 倍，通风情况最好。但是目前兴建的规模化养猪场都是一个建筑群，要获得良好的自然通风，一般将猪舍的朝向与夏季主导风向成30°左右布置，舍间距约为猪舍高度的3倍以上。自然通风主要靠热压通风，要求在猪舍顶部设置排气管，墙的底部设置进气管。

2. 机械通风

机械通风有3种方式，即负压通风、正压通风和联合通风。负压通风是指用抽风机抽出舍内污浊空气，让新鲜空气通过进气管进入舍内；正压通风是指用风机将舍外新鲜空气强制性送入舍内，使舍内压力增高，污浊空气经风管自然排除；联合式通风是一种同时采用负压通风和正压通风的方式，适用于大型封闭式猪舍。

现代规模化养猪猪群密度大，舍内环境经常随着猪只的数量、体重及室外气温的变化而改变，有时单靠自然通风是不够的，还要设置必要的机械通风装置，通过风机送风和排风，从而调节猪舍内的空气环境。例如，美国三德公司封闭式猪舍（图2-2）通风系统在屋顶正中设计垂直通风道并安装蒸发式冷风机，把风送入设置在屋架下弦的水平风道，再经水平风道两侧面的送风口均匀地送到舍内；南北两侧墙上装有排风机，墙的内侧有通气管与排风机相连，这样有助于把接近地面的部分气体抽出，是一种良好的机械通风方式。

图2-2　封闭式猪舍

二、保温

对猪舍进行合适的保温设计，既可以解决低温寒冷天气对养猪的不利影响，又可以节约能源，夏天还可以隔热和减少太阳的热辐射。因此，在设计猪舍时应尽可能采用导热系数较小的材料修建屋面、墙体和地面，以利保温和防暑。现代化猪舍的供暖，分集中供暖和局部供暖两种方法。集中供暖主要利用热水、蒸汽、热空气及电能等形式。在我国养猪生产实践中，多采用热水供暖系统，该系统包括热水锅炉、供水管路、散热器、回水管及水泵等设备；局部供暖最常用的有电热地板、电热灯等设备。

目前多数猪场采用高床网上分娩育仔，要求满足母猪和仔猪不同的温度需要，如初生仔猪要求 32～30℃，母猪则要求 15～22℃。常用的局部供暖设备是采用红外线灯或红外线辐射板的加热器，前者发光、发热，其温度通过调整红外线灯的悬挂高度和开灯时间来调节，一般悬挂高度为 40～50 厘米 ；后者应将其悬挂或固定在仔猪保温箱（图 2-3）的顶盖上，辐射板接通电流后开始向外辐射红外线，在其反射板的反射作用下，使红外线集中辐射于仔猪卧息区。由于红外线辐射板加热器只能发射不可见的红外线，还须另外安装一个白炽灯泡供夜间仔猪出入保温箱。

图 2-3　哺乳仔猪保温箱

三、降温

1. 湿帘—风机降温系统

一种利用水蒸发降温原理为猪舍进行降温的系统，由湿帘、风机、循环水路和控制装置组成，在炎热地区的降温效果十分明显，是一种现代化的降温系统。

2. 喷雾降温系统

一种利用高压使水雾化后漂浮在猪舍空气中，以吸收空气的热量使舍温降低的喷雾系统，主要由水箱、压力泵、过滤器、喷头、管路及自动控制装置组成。喷雾降温时，随着气温的下降，空气的含湿量增加。用该系统降温一定时间后（一般为 1~2 分钟），可达到湿热平衡，舍内空气水蒸气含量接近饱和。此时，地面可能也被大水滴打湿。如果继续喷雾，会使猪舍过于潮湿而产生不利影响，猪越小，影响越大，因此喷头必须周期性地间歇工作。这种舍内呈周期性的高湿，对舍内环境的不利影响相对要小得多。如果舍内外空气相对湿度本来就高，且通风条件又不好时，则不宜进行喷雾降温。喷雾时辅以舍内空气一定流速可提高降温效果。空气的流动可使雾粒均匀分布，加速猪体表、地面的水分及漂浮雾粒的汽化。

3. 喷淋降温或滴水降温系统

一种将水喷淋在猪身上为其降温的系统，主要由时间继电器、恒温器、电磁水阀、降温喷头和水管等组成。降温喷头是一种将压力水雾化成小水滴的装置。而滴水降温系统是一种通过在猪身上滴水而为其降温的系统，其组成与喷淋降温系统基本相同，只是用滴水器代替了喷淋降温系统的降温喷头。

第四节　粪污处理

一、漏缝地板

现代化猪场为了保持栏内的清洁卫生，改善环境条件，减少人工清扫，普遍采用粪尿沟上设置各种漏缝地板，漏缝地板有钢筋混凝土板条、钢筋编织网、钢筋焊接网、塑料板块、陶瓷板块等。对漏缝地板的要求是耐腐蚀、不变形、表面平而不滑、导热性小、坚固耐用、漏粪效果好、易冲洗消毒，适应各种日龄猪的行走站立，不卡猪蹄。钢筋混凝土板块、板条，其规格可根据猪栏及粪沟设计要求而定，漏缝断面呈梯形，上宽下窄，便于漏粪。其主要结构参数见表 2-1。金属编织地板网由直径为 5 毫米的冷拔圆钢编织成 10 毫米×40 毫米、10 毫米×50 毫米的缝隙片与角钢、扁钢焊合，再经防腐处理而成。这种漏缝地板网具有漏粪效果好、易冲洗、栏内清洁、干燥、猪行走不打滑、使用效果好等特点，适宜分娩母猪和保育猪使用。塑料漏缝地板由工程塑料模压而成，可将小块连接组合成大面积，具有易冲洗消毒、保温好、防腐蚀、防滑、坚固耐用、漏粪效果好等优点，适用于分娩母猪栏和保育猪栏。

表 2-1　不同材料漏缝地板的结构与尺寸/毫米

猪群	铸铁		钢筋混凝土	
	板条宽	缝隙宽	板条宽	缝隙宽
幼猪	35~40	14~18	120	18~20
育肥猪、妊娠猪	35~40	20~25	120	22 ~25

二、舍内粪沟的设计

目前猪舍内的排污设计有人工拣粪粪沟、自动冲水粪沟和刮粪机清粪。为了保证排污彻底而顺畅，设计的粪沟须有足够的宽度和坡度及一定的表面光滑度，自动冲水粪沟还必须有足够的冲水量。粪沟设计的一般情况是：人工拣粪粪沟宽度为 25~30 厘米、始深 5 厘米、坡度 0.2%~0.3%，主要用来排泄猪尿和清洗水，猪粪则由工人拣起运走；自动冲水粪沟宽度为 60~80 厘米、始深 30 厘米、坡度 1.0%~1.5%，将猪粪尿收集在粪沟内，然后由粪沟始端的蓄水池定时放水冲走；刮粪机清粪的粪沟宽为 100~200 厘米、坡度 0.1%~0.3%，利用卷扬机牵引刮粪机将粪沟内的猪粪尿清走。

第三章　猪的品种及繁殖

第一节　猪的品种识别

人类目前饲养的家猪是由野猪经过长期驯化而来的，距今已有上万年的历史。随着人们生产经验的积累、社会经济条件的提升和人们对猪肉产量和品质的需求变化，经过长期自然和人工选择，家猪出现了一些生产性能较高，适应于当地自然气候特点，具有某些外貌特征和生产特性的类群，并逐渐形成品种。

一、猪的经济类型

猪的经济类型可分为瘦肉型、脂肪型和肉脂兼用型 3 种。这是由于人们根据猪的体形外貌、胴体中瘦肉和脂肪的比例、人们对肉食的爱好，不同地区供应猪的饲料种类的不同，经人们长期向不同方向选育而形成的，是品种向专门化方向发展的产物。

（一）瘦肉型

瘦肉型也称为肉用型。这类猪的胴体瘦肉多，瘦肉占胴体比例55%以上。外形特点是中躯长，四肢高，前后肢间距宽，头颈较轻，腿臀丰满。体长大于胸围 15 厘米。6~7 肋骨背膘厚 1.5~3.0 厘米。瘦肉型猪能有效地将饲料蛋白转化为瘦肉，且蛋白生长耗能比脂肪低，所以长得快，饲料报酬率高。一般 180 日龄体重可达到或超过 90 千克，料重比 3∶1 左右。长白猪、大约克猪以及我国近年培育的三江白猪、湖北白猪等都属于瘦肉型品种。

（二）脂肪型

这类猪的胴体脂肪多，瘦肉少，脂肪占胴体比例为 40%~50%。

外形特点是体躯宽、深、短、矮，头颈较重而多肉。体长、胸围相等或相差 2~3 厘米。6~7 肋骨背膘厚 6 厘米以上。脂肪型猪由于脂肪多，而脂肪生长耗能多，所以生长慢，饲料报酬率低。我国的两广小花猪、海南猪属于此类。

（三）肉脂兼用型

这类猪的肉脂比例介于脂肪型与瘦肉型之间，外形特点也介于两者之间，体长一般大于胸围 5 厘米，背膘厚 3~4 厘米。哈尔滨白猪、苏联大白猪、中约克夏猪属于此类。

二、瘦肉型猪的特点

瘦肉型猪一般性成熟和体成熟较晚，体格较大，生长瘦肉的能力强，而生长脂肪的能力则比其他猪种弱。由于瘦肉型猪胴体瘦肉量高，而饲料转化率高，对饲料中蛋白质的含量要求较高。

瘦肉型猪背膘薄、皮薄毛稀，故比脂肪型猪耐热，但耐寒性较差。瘦肉型猪对外界环境条件的变化敏感性强，适应性稍差，有时会发生应激反应，出现应激综合征。严重时，还会引起肌肉变质，出现渗水、松软的灰白色的劣质肉，即 PSE 肉。之所以有这些缺点，是由于长期向背膘薄、体形长、生长快等方面选择的结果。

第二节　猪的品种

一、引进品种

（一）大白猪

大白猪（图 3-1）又称大约克夏猪，原产英国，是目前世界上分布最广、使用最多的瘦肉型猪种。全身被毛白色，耳大直立，后躯丰满，四肢粗壮结实，乳头 7~8 对。成年公猪体重 350~450 千克，母猪体重 300 千克左右。胴体瘦肉率 65% 左右。母猪初产 10 头，经产 12 头。

大白猪在商品瘦肉型猪生产中既可以作父本，与我国地方品种杂交，生产二元杂交猪；也可以在外三元杂交体系中作第 1 母本，与长白公猪杂交生产长大母猪，再与终端父本杜洛克杂交生产杜长大三元杂交猪。

公

母

图 3-1　大白猪

（二）长白猪

长白猪（图 3-2）又称兰德瑞斯猪原产丹麦，是世界上分布最广的瘦肉型猪种之一。因其体躯较长，又称长白猪。全身被毛白色，头小清秀，颜面平直，两耳向前平伸。体躯长，前躯窄，后躯宽，腰背平直，乳头 7～8 对。成年公猪体重 400～500 千克，母猪体重 300 千克左右。日增重 750～920 克，料重比 2.6：1，胴体瘦肉率 68%，初产 9～10 头，经产 10～11 头。

公

母

图 3-2　长白猪

用长白猪作父本进行两品种或三品种杂交可获得良好的杂交效果。

但长白猪存在抗逆性较差、对饲料要求较高、前期增重较慢等缺点。

（三）杜洛克

杜洛克猪（图 3-3）原产美国，生产中多用作杂交终端父本。全身被毛金黄或棕红色。头小、嘴短直，耳较小而尖端下垂。体躯较长，背腰微弓，肌肉丰满，腿臀肌肉发达。四肢粗壮结实，蹄黑。日增重 750~900 克，料重比 2.5：1，胴体瘦肉率 66%~68%，母猪初产 7~8 头，经产 9~10 头。

杜洛克猪因繁殖性能差、产仔少等缺点，在二元杂交中一般作父本；在三元杂交中作终端父本。

公

母

图 3-3　杜洛克猪

（四）巴克夏

巴克夏猪（图 3-4）原产英格兰巴克郡，因口感极佳成为英国皇室专用猪种。1860 年育成时为脂肪型品种，后选育为瘦肉型猪种。全身被毛以黑色为主，并有“六白”（四肢下部、鼻端及尾为白色）特征。体躯长而宽，鼻短而凹，耳直立或稍前倾，胸深臀宽。日增重 700~850 克，瘦肉率 58%，母猪初产 7.5 头，经产 8.5 头。

巴克夏猪因肉质好、生长较快、瘦肉率较高，目前主要用作父本与地方猪种杂父生广高端优质猪。

（五）皮特兰

皮特兰猪（图 3-5）原产比利时，体形中等，体躯呈方形。被毛灰白，夹有形状各异的大块黑色斑点。头较轻，耳中等大小，微

公

母

图 3-4　巴克夏猪

向前倾，颈和四肢较短，肩部和臀部肌肉特别发达。窝平产仔数 10. 2 头，断奶仔猪数 8. 3 头。背膘薄，仅 7. 8 毫米，胴体瘦肉率高达 70%。肉质欠佳，肌纤维较粗，氟烷阳性率高，易发生应激综合征，产生 PSE 肉（即呈淡白色或暗红色的猪肉，亦称白肌肉）。

皮特兰猪在杂交体系中是较好的终端父本。生产中，最好用它与杜洛克或汉普夏猪杂交，F1 代公猪作为终端父本。

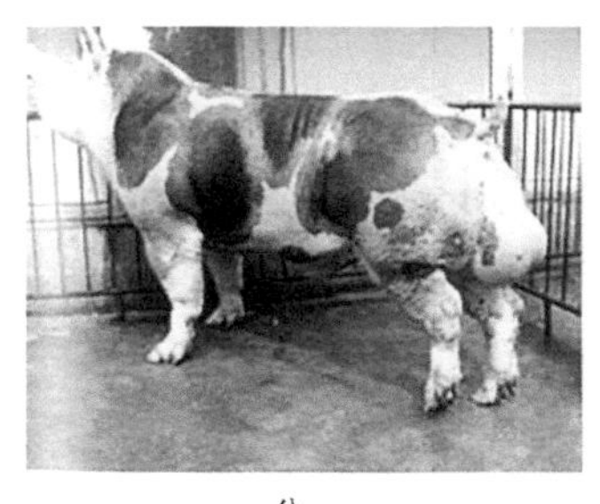

公

母

图 3-5　皮特兰猪

（六）汉普夏

汉普夏猪（图 3-6）原产美国，被毛黑色，肩胛、前胸和前肢呈一白带环绕，故又称银带猪。头中等大小，耳中等而直立，嘴长直，体躯较长，肌肉发达，性情活泼。成年公猪体重 315~410 千克，成年母猪体重 250~340 千克，窝平产仔数 10 头左右。日增重 845 克，料重比 2. 53∶1，瘦肉率 61. 5%。

国外利用汉普夏猪作父本与杜洛克母本杂交生产的后代公猪为父本，与长白×大白 F1 代为母本生产四元杂交猪。用汉普夏猪作第 1 父本或第 2 父本时，杂交效果均较明显，能显著提高商品猪的瘦肉率。

公

母

图 3-6 汉普夏猪

二、地方品种

（一）梅山猪

梅山猪（图 3-7）广泛分布于长江下游太湖流域，以高繁殖力著称于世。1979 年，法国引入梅山猪改良本国猪种。梅山猪全身被毛黑色，皮紫色，耳大如蒲扇，面部有深粗之横行皱纹，头大，嘴短，四脚白色。日增重 332 克，瘦肉率 40%，母猪初产 12～13 头，经产 15～16 头。

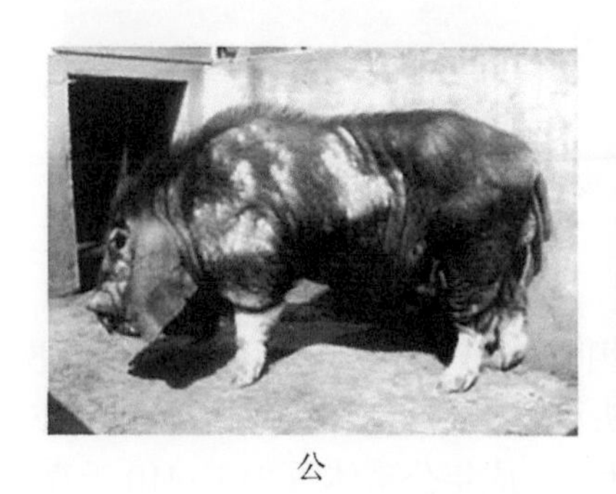

公

母

图 3-7 梅山猪

（二）宋昌猪

宋昌猪（图 3-8）原产重庆市荣昌县和四川省隆昌县。体型较大，头部和眼圈有黑斑，是中国地方猪种中少有的一个全白毛猪种。肉质优良，耐粗饲，适应性强。日增重 488 克，瘦肉率 44%，母猪初产 6~7 头，经产 10~12 头。

公

母

图 3-8　荣昌猪

（三）金华猪

金华猪（图 3-9）原产浙江省金华市及其周边地区。毛色为“两头乌”，即头颈和臀尾为黑皮黑毛，体躯中间为白皮白毛。体型大小适中，肥瘦适度，皮薄骨细，肉脂品质好。特点适合腌制优质火腿，是生产“金华火腿”的原料猪种。“金华火腿”皮色黄亮，肉红似火，香烈而清醇，咸淡适口，色、香、味、形俱佳，且便于携带储藏，畅销国内外。日增重 480 克，瘦肉率 43%，母猪初产 10 头左右，经产 12. 5 头。

（四）陆川猪

陆川猪（图 3-10）原产广西壮族自治区（全书简称广西）东南部的陆川县，与福绵猪、公馆猪和广东小耳花猪一起统称两广小花猪。属典型的小型早熟品种，具有适应性强、耐粗饲、早熟易肥和肉质优良等特点。毛色呈一致性黑白花，耳小而薄、向外平伸，额有横行皱纹，背腰宽广凹下，腹大下垂。日增重 297 克，瘦肉率

公

母

图 3-9　金华猪

41.9%，母猪经产 11 头左右。

公

母

图 3-10　陆川猪

（五）民猪

民猪（图 3-11）主要产于中国北方地区，抗寒能力强，体质强健，脂肪沉积能力强，适于放牧和粗放饲养。被毛黑色，耳大下垂，额头有皱褶，背腰较平、单脊。四肢粗壮，后躯斜窄。肉色鲜红，口感细腻多汁，色香味俱全。日增重 458 克，瘦肉率 46.1%，母猪初产 11 头，经产 13 头左右。

（六）沙子岭猪

沙子岭猪（图 3-12）原产湖南湘潭沙子岭，是华中两头乌猪的主要类群和典型代表。沙子岭猪毛色为“点头墨尾”。即头和臀为黑色，其他部分为白色。头短而宽，背腰较平直，皮薄骨细，腹大不拖地，四肢粗壮结实，后肢开张，奶头发育良好，有效乳头 7 对以上。日增

公

母

图 3-11 民猪

重 480 克，瘦肉率 42.5%，母猪初产 8.6 头，经产 12.5 头。

公

母

图 3-12 沙子岭猪

（七）宁乡猪

宁乡猪（图 3-13）原产湖南宁乡流沙河，俗称流沙河猪。毛色有乌云盖雪、大黑花、小散花 3 种。头型有狮子头、福字头、阉鸡头 3 种。主要特点是耐粗抗逆、早熟易肥、蓄脂力强，肉质细嫩，味道鲜美。日增重 370 克，瘦肉率 34.7%，经产 10 头左右。

（八）大围子猪

大围子猪（图 3-14）原产湖南长沙天心区大托镇和长沙县暮云镇。全身被毛黑色，四肢下端为白色，称“四脚踏雪”“寸子花”，头型有阉鸡头、寿字头之分，耳下垂，呈八字形（蝴蝶耳）。体型中等，早熟易肥、繁殖力强、耐寒、耐热性能较好。日增重 395 克，

公

母

图 3-13　宁乡猪

瘦肉率 40.67%，母猪初产 9 头，经产 12 头。

公

母

图 3-14　大围子猪

三、培育品种

（一）苏太猪

苏太猪（图 3-15）是江苏省 1999 年育成的瘦肉型新品种，主产于江苏省苏州市，现已在全国 10 多个省、自治区、直辖市推广。

苏太猪被毛全黑、耳中等大小，向前方下垂，头面有清晰皱纹，嘴中等长，四肢结实，背腰平直，腹小，后躯丰满，乳头 7～8 对，初产 11.68 头，经产 14.45 头，母性好、泌乳力强，发情明显。生长发育较快，日增重为 640 克，料重比 3.18∶1，背膘厚 2.33 厘米，瘦肉率 56%左右。肉色鲜红，细嫩多汁，口味鲜美，肌内脂肪含量 3%以上。

公　　　　母

图 3-15 苏太猪

（二）湘村黑猪

湘村黑猪（图 3-16）是湘村高科农业股份有限公司、湖南省畜牧兽医研究所和湖南省畜牧水产局等单位以湖南地方品种桃源黑猪为母本、引进品种杜洛克猪为父本经杂交合成和群体继代选育而培育的新品种。

公　　　　母

图 3-16 湘村黑猪

湘村黑猪被毛全黑、耳中等大小，四肢结实，背腰平直，后躯丰满。初产 11.09 头，经产 13.29 头。日增重 696 克，料重比 3.26∶1，瘦肉率 59.83%左右。肉色鲜红，细嫩多汁，口味鲜美，肌内脂肪含量 4.2%。

（三）鲁莱黑猪

鲁莱黑猪（图 3-17）是山东莱芜市畜牧办公室、山东莱芜市种猪繁育场等单位以莱芜猪和引进品种大约克夏猪为育种素材培育的新品种。鲁莱黑猪被毛全黑，头大小适中，耳中等半下垂，四肢健壮，背腰平直，后躯较丰满。经产 14.6 头。日增重 598 克，料重比 3.25：1，瘦肉率 53.2%左右。肉色鲜红，细嫩多汁，口味鲜美，肌内脂肪含量 4.0%以上。

公

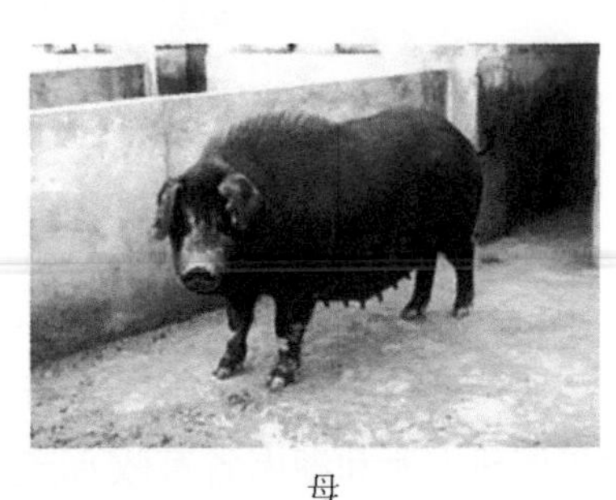

母

图 3-17　鲁莱黑猪

第三节　引种与杂交利用

一、引种技术

为了提高猪群总体质量和保持较高的生产水平，达到优质、高产、高效的目的，猪场经常需从外地甚至国外引进猪种，作为经济杂交的父本、育种的基本素材或生产商品猪。引种不慎，就会引入疾病。因此，引种前作好引种规划至关重要。

1. 制订引种计划

猪场应该结合自身的实际情况，根据种群更新计划，确定所需品种和数量，购进能提高本场种猪某种性能并与自己的猪群健康状况相同的优良个体。

2. 选择符合需要的品种

引种必须考虑社会发展的需要和引入后的用途。引入品种应具有良好的经济价值、育种价值和适应性，适应性是高产的先决条件。

3. 个体选择

在选择个体时，除注意该品种的特征外，还要进行系谱审查，要求供种场提供该场免疫程序及所购买的种猪免疫接种情况，并注明各种疫苗注射的日期。种公猪最好经过测定，并附测定资料和种猪三代系谱。注意亲本或同胞间生产性能的表现、遗传疾病和血缘关系等。

4. 严格执行检疫

引种时，应切实做好检疫工作，严格执行隔离观察制度。引种是提高猪群生产水平的主要措施之一，但也可能是疫病传播的重要途径。因此，引种时要确认引种地无重大的疫病发生，引进的种猪至少隔离饲养30天，在此期间进行观察、检疫，经兽医检查确定为健康合格后，才可混群饲养。

（1）调出种猪起运前的检疫：调出种猪于起运前15~30天在原种猪场或隔离场进行检疫。调查了解该种猪场近6个月内的疫情情况，若发现有一类传染病及炭疽、布鲁菌病、猪密螺旋体痢疾的疫情时，应停止调运。查看调出种猪的档案和预防接种记录，然后进行群体和个体检疫，并做详细记录。经检查确定为健康，准予起运。

（2）种猪运输时的检疫：种猪装运时，当地畜禽检疫部门应派人员到现场进行监督检查。运载种猪的车辆、船舶、机舱以及饲养用具等必须在装货前进行清扫、洗刷和消毒。经当地畜禽检疫部门检查合格，发给运输检疫证明。

（3）种猪到达目的地后的检疫：种猪到场后，根据检疫需要，在隔离场观察15~30天。在隔离观察期间，须进行群体检疫、个体检疫、临床检查和实验室检验。经检疫确定为健康后，方可供繁殖，生产使用。

5. 妥善安排运输

为使引入猪种安全到达目的地，防止意外事故发生，运输时要准备充足的饲料，尤其是青绿饲料。夏天做好防暑降温工作，冬天注意防寒保暖。保证种猪在装运及运输过程中没有接触过其他偶蹄动物，运输车辆应做过彻底清洗消毒。

6. 种猪到场后的饲养管理

（1）新引进的种猪，应先饲养在隔离舍（图 3–18），而不能直接转进猪场生产区，否则极可能带来新的疫病，或者由不同菌株引发相同疾病。猪场应设隔离舍，要求距离生产区最好有 300 米以上距离，在种猪到场前的 30 天应对隔离栏舍及用具进行彻底清洗和严格消毒，空圈 1 周后方可进猪。

图 3–18　隔离舍

（2）种猪到达目的地后，立即对卸猪台、车辆、猪体及卸车周围地面进行消毒，然后将种猪卸下，按大小、公母进行分群饲养，有损伤、脱肛等情况的种猪应立即隔开单栏饲养，并及时治疗处理。

（3）先提供饮水，休息 6～12 小时后方可供给少量饲料，第 2 天开始可逐渐增加饲喂量。种猪到场后的前两周，由于疲劳加上环境的变化，机体对疫病的抵抗力会降低，应注意尽量减少应激，可在饲料中添加抗生素（泰妙菌素 50 毫克/千克、金霉素 150 毫克/千克）和复合维生素，使种猪尽快恢复正常状态。

（4）隔离与观察。种猪到场后必须在隔离舍隔离饲养 30～45 天，严格检疫。

（5）种猪到场 1 周后，应按本场的免疫程序接种猪瘟等疫苗，7

月龄的后备猪在此期间可做一些避免引起繁殖障碍疾病的防疫，如细小病毒病、乙型脑炎疫苗等。

（6）种猪在隔离期内，接种完各种疫苗后，进行一次全面驱虫，可使用阿维菌素、伊维菌素等广谱驱虫剂按皮下注射进行驱虫。隔离期结束后，对该批种猪进行体表消毒，再转入生产区投入正常生产。

7. 进行引种试验及观察

判断引入品种价值高低的最可靠办法，就是进行引种试验。先引入少量个体，进行观察，经证明该品种既有良好的经济价值和种用价值，又能适应当地的自然条件后，再大规模进行引种。

二、猪的杂交利用

随着人民生活水平的不断提高和国内外对猪肉及其产品优质及安全的关注，养猪业必将由传统饲养向现代化、良种化、规模化和无公害方向发展。为适应这种产业发展趋势，必须分级建立曾祖代原种猪场、祖代纯种扩繁场、父母代杂交繁育场和商品代肥育场四级生产繁育体系。其中商品猪的生产一般是采用杂交利用途径，充分利用杂种优势，进一步提高商品猪的产肉性能。近 20 年来，许多畜牧业发达的国家 90%的商品猪都是杂种猪。杂种优势的利用已经成为工厂化、规模化养猪的基本模式。

1. 猪的杂交模式

猪的经济杂交方式较多，不同的方式其优缺点也不同，常用的经济杂交有以下几种。

（1）二元杂交：二元杂交又称单交，是指两个品种或品系间的公母猪交配，利用杂种一代进行商品猪生产（图 3-19）。这是最为简单的一种杂交方式，且收效迅速。一般父本和母本来自不同的具有遗传互补性的两个纯种群体，因此杂种优势明显，但由于父母本是纯种，因而不能充分利用父本和母本的杂种优势。此外，二元杂交仅利用了生长肥育性能的杂种优势，而杂种一代被直接肥育，没有利用繁殖性能的杂种优势。采用二元杂交生产商品猪一般选择当地饲养量大、适应性强的地方品种或培育品种作母本，选择外来品种如杜洛克猪、汉普夏猪、大白猪、长白猪等作父本。

沙子岭猪（母）

巴克夏猪（公）

巴沙二元杂交猪

图 3-19　二元杂交猪

（2）三元杂交：三元杂交又称三品种杂交，它是由三个品种（系）参与的杂交，生产上多采用两品种杂交的杂种一代母猪作母本，再与第 3 品种的公猪交配，后代全部作商品猪育肥（图 3-20）。三元杂交在现代养猪业中具有重要意义，这种杂交方式，母本是两品种杂种，可以充分利用杂种母猪生活力强、繁殖力高、易饲养的优点。此外三元杂交遗传基础比较广泛，可以利用 3 个品种（系）的基因互补效应，因此，三元杂交已经被世界各国广泛采用。缺点是需要饲养 3 个纯种（系），进行 2 次配合力测定。

（3）四元杂交：四元杂交又称双杂交或配套系杂交，采用四个品种（系），先分别进行两两杂交，在后代中分别选出优良杂种父本、母本，再杂交获得四元杂种的商品育肥猪。由于父、母本都是杂种，所以双杂交能充分利用个体、母本和父本杂种优势，且能充分利用性状互补效应，四元杂交比三元杂交能使商品代猪有更丰富的遗传基础，同时还有发现和培育出“新品系”的可能。此外，大

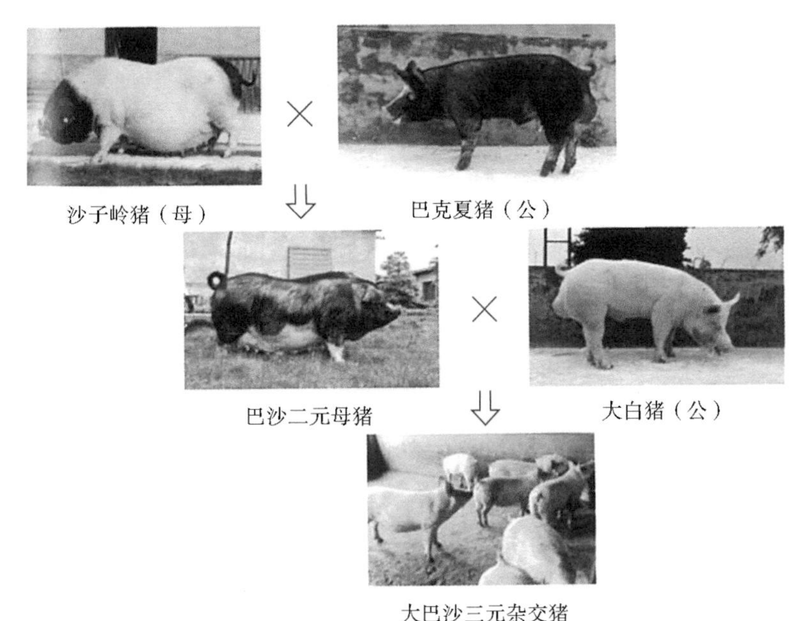

图 3-20　三元杂交

量采用杂种繁育，可少养纯种，降低饲养成本。20 世纪 80 年代以来，由于四元杂交日益显示出其优越性而被广泛利用，但四元杂交也存在饲养品种多、组织工作相对复杂的缺点。

（4）轮回杂交：轮回杂交最常用的有两品种轮回杂交和三品种轮交。这种杂交方式是利用杂交过程中的部分杂种母猪作种用，参加下一次杂交，每一代轮换使用组成亲本的各品种的公猪。采用这种方式的优点是可以不从其他猪群引进纯种母本，又可以减少疫病传染的风险，也能充分利用杂种母猪的母体杂种优势，同时减少公猪的用量。缺点是不能利用父本的杂种优势和不能充分利用个体杂种优势，遗传基础不广泛，互补效应有限。另外，为避免各代杂种在生产性能上出现忽高忽低的现象，参与轮回杂交的品种要求在生产性能上相似或接近。

2. 建立健全杂交繁育体系

杂交繁育体系就是在明确用什么品种，采用什么样杂交方式的前提下，建立各种性质的具有相应规模的猪场，各猪场之间密切配合，形成一个组织体系。一般来说，繁育体系应包括原种猪场、种猪场、繁育猪场和商品猪场以及种猪性能测定站、人工授精网等。

（1）原种猪场：经过高度选育的种猪群，包括基础母猪的原种群和杂交父本选育群。其主要任务是利用较强的技术力量和先进的技术手段强化原种猪品质，不断选育提高原种猪生产性能，为下一级种猪群提供高质量的更新猪。全国大多省份已经建立了原种猪场。

（2）种猪性能测定站及种公猪站：种猪性能测定站的任务主要是供种猪群选种测评用，可以和种猪生产相结合。如果性能测定站是多个原种场共用的，则不能与原种场建在一起，以防疫病传播。另外，为了充分利用原种猪场大量过剩的公猪，可以利用经过性能测定的富余公猪建立种公猪站和人工授精网来降低养猪生产成本。全国大多省份已经建立了种猪性能测定站，并对外开展测评工作。

（3）种猪场：种猪场的主要任务是扩大繁殖种母猪，同时研究适宜的饲养管理方法和繁殖技术。

（4）杂种母猪繁育场：在三元及多元杂交体系中，用基础母猪与第一父本猪杂交生产高质量的二元杂种母猪，是杂种母猪繁育场的根本任务。杂种母猪选择重点应放在繁育性能上。

（5）商品猪场：商品猪场的任务是进行商品猪生产，重点应放在提高猪群的生长速度和改进肥育技术上。

在一个完整的繁育体系中，上述各个猪场应比例协调，层次分明，结构合理。各场分工明确，重点任务突出，将猪的育种、制种和商品生产统筹考虑，真正从整体上提高养猪的经济效益。

第四节　母猪的配种

一、配种时机

配种的适宜时间是在母猪排卵前 2～3 小时，即发情开始后的 21～22 小时（可放宽到 20～30 小时）（图 3-21，图 3-22）。

图 3-21　公猪试情法

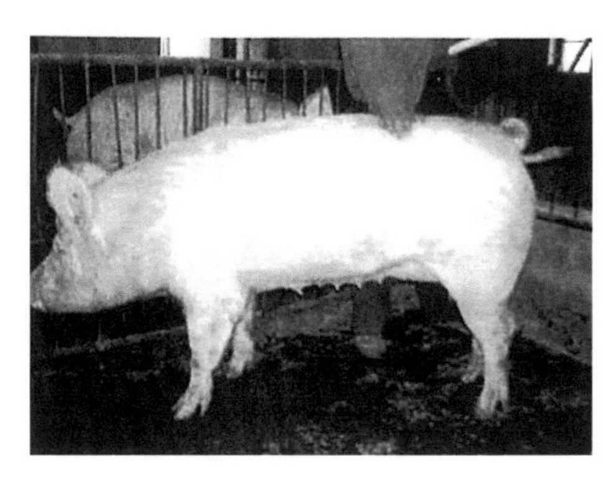

图 3-22　静立反射

二、人工授精技术

1. 公猪的调教

调教年龄：后备公猪 7~8 月龄开始调教，已经过本交的公猪也可进行调教。

调教方法：

（1）观摩法。将小公猪赶到采精室待采栏，让其观看其他成年公猪的采精过程或者公母猪交配过程，激发它的性欲，观摩 2~3 次，可进行调教和爬台猪。

（2）发情母猪诱情法。选择发情旺盛、发情明显的经产母猪，让新公猪爬跨，等新公猪阴茎伸出后用手握住螺旋阴茎头，有节奏地刺激阴茎螺旋体部可试采下精液，但尽量不让公猪爬跨母猪，避免公猪的依赖性，影响以后的采精效果。

（3）气味引导法。用发情母猪的尿液、废弃的精液、包皮冲洗液喷涂在台畜背部和后躯，引诱新公猪接近假台畜，让其爬跨假台畜。

（4）按摩法。公猪进采精室后采精员按摩公猪腹部、阴茎、阴囊等处，以接触刺激提高性欲，此为辅助方法。

2. 人工采精

（1）采精前要对公猪的生殖器进行必要的清洗和擦拭。

（2）采取正确的手势，避免采精时触碰阴茎体（图 3-23）。

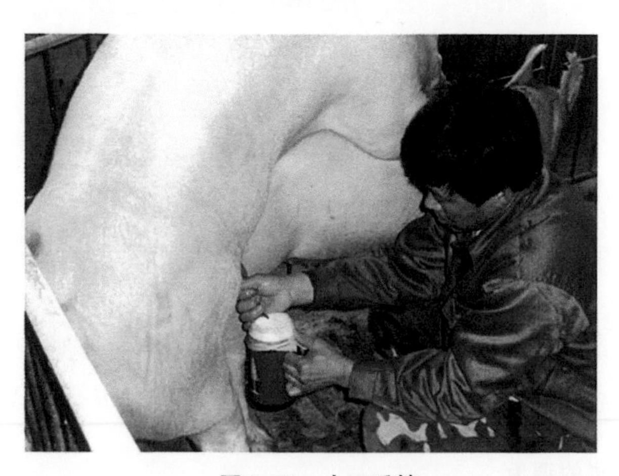

图 3-23　人工采精

（3）采精杯要有保温作用，保持 37℃的温度，并且要放置专用滤纸。

（4）收集的精液要进行品质评定，要测定精液的量、密度、活力等。

（5）精液的稀释。

（6）精液的分装与保存。

3. 人工授精

将检查合格的精液放置于 35～38℃的水浴锅中升温，然后用于输精。输精时保持器具的清洁，输精过程控制在 5～10 分钟，输完后再慢慢抽出输精管。

输精前要对母猪外阴部进行必要的清洁和消毒，保证干净，防止感染。在输精管前端涂抹润滑剂，确保不损伤母猪生殖道。将输精管边插边转边抽边推前进 30～50 厘米，直至不能推进，开始输精。排空输精袋后，放低输精袋半分钟，观察精液是否倒流，若有倒流，再将其输入。

在防止空气进入生殖道的情况下，使输精管在生殖道内滞留 5～10 分钟，让其慢慢自行滑落（图 3-24）。

图 3-24　人工授精

第四章　猪生态饲养管理

第一节　后备猪、空怀母猪及种公猪的饲养管理

一、后备猪的饲养管理

1. 后备母猪的饲养管理

做好后备母猪的饲养管理工作，是规模猪场建立繁殖高产母猪群、持续盈利的根本保障。

（1）分群管理。为使后备母猪生长发育均匀、整齐，可按体重分成小群饲养，每圈可养4~6头。饲养密度要适当，饲养密度过高会影响后备母猪的生长发育，甚至出现咬尾、咬耳恶癖。小群饲养有两种方式：一是小群合槽饲喂（可自由采食，也可限量饲喂），这种饲喂方式的优点是猪互相争抢吃食快，缺点是强弱吃食不均，容易出现弱猪；二是单槽饲喂、小群运动，优点是吃食均匀，生长发育整齐，缺点是栏杆、食槽设备投资较大。

（2）运动。为了使后备母猪筋骨发达，体质健康，身体发育匀称平衡，特别是四肢灵活坚实，就要有适度的运动。伴随四肢运动，全身有75%的肌肉和器官同时参与。尤其是放牧运动，可使后备母猪呼吸新鲜空气，接受日光浴，拱食鲜土和青绿饲料，对促进生长发育和提高抗病力有良好的作用。为此，国外有些国家又开始提倡放牧运动和自由运动。

（3）调教。后备母猪要从小加强调教管理。首先，建立人与猪的和睦关系，从幼猪阶段开始，利用称量体重、喂食之便进行口令和触摸等亲和训练，严禁恶声恶气地打骂它们，这样猪愿意接近人，

便于将来输精、配种、接产、哺乳等繁殖时的操作管理。怕人的母猪常出现流产和难产现象。其次，训练后备母猪良好的生活规律。规律性的生活使其感到自在舒服，有利于生长发育。再次，对耳根、腹侧和乳房等敏感部位进行触摸训练，这样既便于以后的管理和疫苗注射，还可促进乳房的发育。

（4）定期称重（图4-1）。后备母猪最好按月龄称量个体体重，任何品种的猪都有一定的生长发育规律，换言之，不同的月龄都有相对应的体重范围。通过后备母猪各月龄体重变化可了解其生长发育的情况，适时调整饲养水平和饲喂量，使其达到品种发育要求。后备猪（图4-2）5月龄体重应控制在75~80千克，6月龄达到95~100千克，7月龄控制在110~120千克，8月龄控制在130~140千克。适宜的喂料量，既可保证后备猪的良好发育，又可控制体重的快速增长。

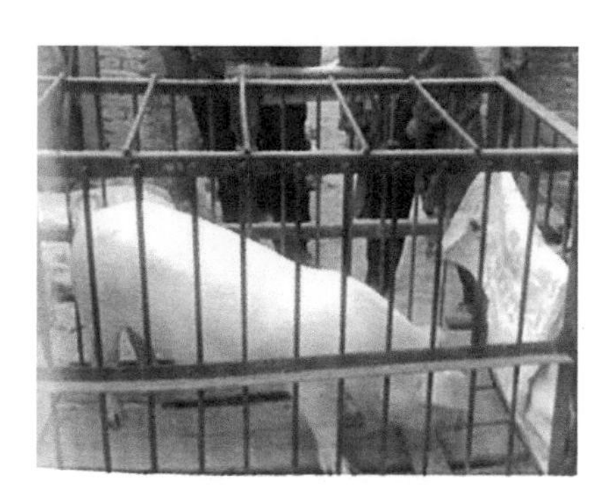

图4-1　后备猪称重

（5）测量体长及膘厚。后备母猪于6月龄以后，应测量活体背膘厚，按月龄测量体长和体重。要求后备猪在不同月龄阶段有相应的体长与体重。对发育不良的后备猪，要及时淘汰。

（6）日常管理。后备母猪需要防寒保温、防暑降温、清洁卫生等环境条件的管理。

（7）环境适应。后备母猪要在猪场内适应不同的猪舍环境，与老母猪一起饲养，与公猪隔栏相望或者直接接触，这样有利于促进

图 4-2 后备猪

母猪发情（图 4-3）。

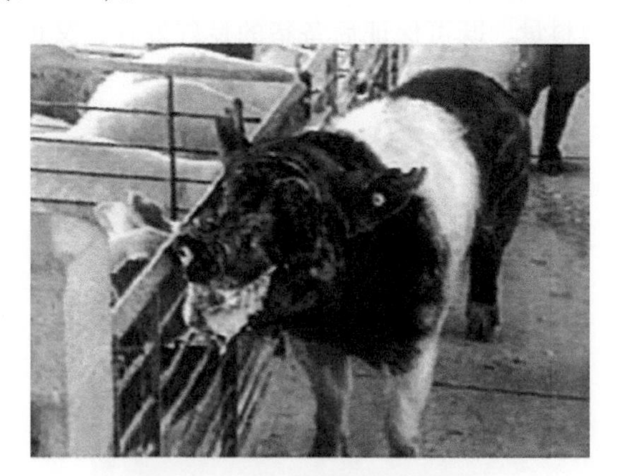

图 4-3 用公猪诱导母猪发情

2. 后备公猪的饲养管理

后备公猪所用饲料应根据其不同的生长发育阶段进行配合，要求原料品种多样化，保证营养全面。在饲养过程中，注意防止其体重过快增长，注意控制性成熟与体成熟的同步性。

后备公猪从 50 千克起要公母分开饲养，按体重进行分群（图 4-4），一般每栏 4~6 头，饲养密度要合理，每头猪占地 1.5~2.0 平方米。定时定量定餐饲喂，保持适宜的体况。提供清洁而充足的饮水。做好防寒保温、防暑降温、清洁卫生等环境条件的管理。

图 4-4　后备猪的分群

为了使后备猪四肢结实、灵活、体质健康，应进行适当运动（图 4-5）。每天上、下午各 1 次，每次 1 小时。后备公猪最迟在调教前 1 周开始运动。运动时注意保护其肢蹄。

图 4-5　后备猪每天在场内运动

后备公猪 8 月龄开始调教，训练采精。调教前先让其观察 1 ~ 2 次成年公猪采精过程，然后开始调教。调教过程中，通过利用成年公猪的尿液、发情母猪的叫声、按摩公猪的阴囊部和包皮等给予公猪刺激。调教过程中要让公猪养成良好的习性，便于今后的采精工作。采精人员不得以恶劣的态度对待公猪。对不爬跨假母猪台的公猪要有耐心，每次调教的时间不超过 30 分钟，1 周可调教 4 次。如遇有公猪对假母猪台不感兴趣，可利用发情母猪刺激公猪，赶 1 头发情母猪与其接触，先让其爬跨发情母猪采精 1 次，第 2 天再爬假母猪台，这样容易调教成功。后备公猪在采到初次精液后，第 2 天再采精 1 次，以便增强记忆。

二、空怀母猪的饲养管理

1. 空怀母猪的管理

（1）创造适宜的环境条件。阳光、运动和新鲜空气对促进母猪发情和排卵有很大影响，因此应创造一个清洁、干燥、温度适宜、采光良好、空气新鲜的环境条件。体况良好的母猪在配种准备期应加强运动（图 4-6）和增加舍外活动时间，有条件时可进行放牧。

图 4-6　加强母猪户外运动

（2）合群饲养。有单栏饲养和小群饲养两种方式。单栏饲养空怀母猪是工厂化养猪中采用较多的一种形式。在生产实践中，包括工厂化、规模化养猪场在内的各种猪场，空怀母猪通常实行小群饲养，一般是将 4～6 头同时断奶的母猪养在同一栏内，可自由运动，特别是设有舍外运动场的圈舍，可促进发情。

（3）做好发情观察和健康记录。每天早晚 2 次观察记录空怀母猪的发情状况。喂食时观察其健康状况，必要时用试情公猪试情，以免失配。从配种准备开始，所有空怀母猪应进行健康检查，及时发现和治疗病猪。

2. 空怀母猪的饲喂

饲养空怀母猪的目的是促使青年母猪早发情、多排卵、早配种达到多胎高产的目的。对断奶母猪或未孕母猪，积极采取措施组织配种，缩短空怀时间（图 4-7）。

空怀母猪在配种前的饲养十分重要，因为后备猪正处在生长发育阶段，经产母猪常年处于紧张的生产状态，所以必须供给营养水平较高的饲料（一般和妊娠期相同），使之保持适度膘情。母猪过肥会出现不发情、排卵少、卵子活力弱和空怀等现象；母猪太瘦也会造成产后发情推迟等不良后果。

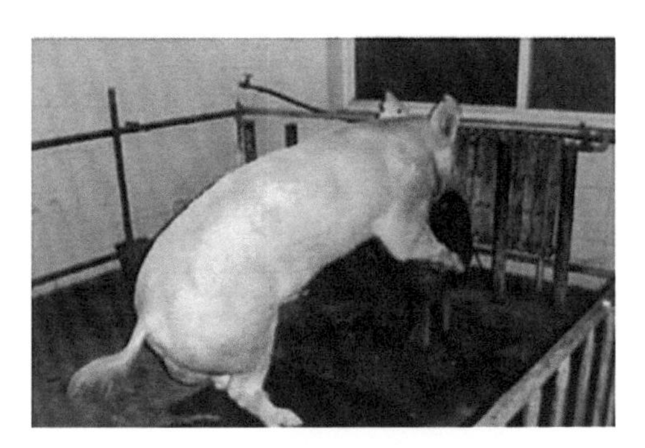

图 4-7　训练后备猪爬跨配种

（1）短期优饲。配种前为促进发情排卵，要求适时提高饲料喂量，对提高配种受胎率和产仔数大有好处。尤其是对头胎母猪更为重要。对产仔多、泌乳量高或哺乳后体况差的经产母猪，配种前采用“短期优饲”办法，即在维持需要的基础上提高 50%～100%，喂量达 3～3.5 千克/天，可促使排卵；对后备母猪，在准备配种前 10～14 天加料，可促使发情，多排卵，喂量可达 2.5～3.0 千克/天，但具体应根据猪的体况增减，配种后应逐步减少喂量。

（2）饲养水平。断奶到再配种期间，给予适宜的饲料水平，促使母猪尽快发情，释放足够的卵子，受精并成功地着床。初产青年母猪产后不易再发情，主要是体况较弱造成的。因此，要为体况差的青年母猪提供充足的饲料，以缩短配种时间，提高受胎率。配种后，立即减少饲喂量到维持水平。对于正常体况的空怀母猪每天的饲喂量为 1.8 千克。

在炎热的季节，母猪的受胎率常常会下降。一些研究表明，在饲料中添加一些维生素，可以提高受胎率。

泌乳后期母猪膘情较差，过度消瘦的，特别是那些泌乳力高的个体失重更多，乳房炎发生机会不大，断奶前后可少减料或不减料，干乳后适当增加营养，使其尽快恢复体况，及时发情配种；断奶前膘情相当好，泌乳期间食欲好，带仔头数少或泌乳力差，泌乳期间掉膘少，这类母猪断奶前后都要少喂配合饲料，多喂青粗饲料，加强运动，使其恢复到适度膘情，及时发情配种。“空怀母猪七八成膘，容易怀胎产仔高”（图 4-8）。

图 4-8　妊娠后期应增加精饲料

目前，许多国家把沿着 P2 点（P2 点为母猪最后肋骨在背中线下 6.5 厘米处）的脂肪厚度作为判定母猪标准体况的基准。作为高产母猪应具备的标准体况，母猪断奶后应在 2.5 毫米，在妊娠中期应为 3 毫米，产仔期应为 3.5 毫米（表 4-1）。

表 4-1　母猪标准体况的判定

得分	体况	P2 点的脂肪厚度/毫米	髋骨突起的感触	体型
5	明显肥胖	25 以上	用手触摸不到	圆形
4	肥	21	用手触摸不到	近乎圆形
3.5	略肥	19	用手触摸不明显	长筒形
3	理想	18	用手能够摸到	长筒形
2.5	略瘦	16	手摸明显，可观察到	狭长型
1~2	瘦	15 以下	能明显观察到	骨骼明显突出

三、种公猪的饲养管理

1. 种公猪的管理

种公猪除与其他猪一样应该生活在清洁、干燥、空气新鲜、舒适的生活环境条件中以外，还应做好以下工作。

（1）建立良好的生活制度。饲喂、采精或配种、运动、刷拭等各项作业都应在大体固定的时间内进行，利用条件反射养成规律性的生活制度，便于管理操作。

（2）分群。种公猪可分为单圈和小群两种饲养方式，单圈饲养单独运动的种公猪可减少相互爬跨干扰而造成的精液损失，节省饲料。小群饲养种公猪必须是从小合群，一般 2 头 1 圈，最多不能超过 3 头，小群饲养合群运动，可充分利用圈舍、节省人力，但利用年限较短。

（3）运动（图 4-9）。加强种公猪的运动，可以促进食欲、增强体质、避免肥胖、提高性欲和精液质量。运动不足会使公猪贪睡、肥胖、性欲低、四肢软弱且多肢蹄病，影响配种效果，所以，每天应坚持运动。种公猪除在运动场自由运动外，每天还应进行驱赶运动，上下午各运动 1 次，每次行程 2 千米。夏季可在早晚凉爽时进行，冬季可在中午运动 1 次。如果有条件可利用放牧代替运动。目前在一些工厂化猪场种公猪没有运动条件，不进行驱赶运动，所以淘汰率增加，缩短种用年限，一般只利用 2 年左右。

图 4-9　种公猪的运动

（4）刷拭和修蹄。每天定时用刷子刷拭猪体，热天结合淋浴冲洗，可保持皮肤清洁卫生，促进血液循环，少患皮肤病和外寄生虫病。这也是饲养员调教公猪的机会，使种公猪温驯听从管教，便于采精和辅助配种。要注意保护猪的肢蹄，对不良的蹄形进行修蹄，蹄不正常会影响活动和配种。

（5）定期检查精液质量和称量体重。实行人工授精的公猪，每次采精都要检查精液质量。如果采用本交，每月也要检查 1～2 次精液质量，特别是后备公猪开始使用前和由非配种期转入配种期之前，都要检查精液 2～3 次，严防死精公猪配种。种公猪应定期称量体重，可检查其生长发育和体况。根据种公猪的精液质量和体重变化来调整饲料的营养水平和饲料喂量（图 4-10）。

（6）防止公猪咬架。公猪好斗，如偶尔相遇就会咬架。公猪咬架时应迅速放出发情母猪将公猪引走，或者用木板将公猪隔离开，也可用水猛冲公猪眼部将其撵走。如不能及时平息，会造成严重的伤亡事故。

（7）防寒防暑。种公猪最适宜的温度为 18～20℃，冬季猪舍要防寒保温，以减少饲料的消耗和疾病发生。夏季高温时要防暑降温，

图 4-10　控制种公猪的饲喂量

高温对种公猪的影响尤为严重，轻者食欲下降、性欲降低，重者精液质量下降，甚至会中暑死亡。现举例说明高温对种公猪的影响。将 16 头种公猪平均分为两组，A 组 8 头公猪为对照组，生活在 23℃的环境温度条件下；B 组 8 头公猪为高温处理组，生活在 33℃环境条件下 72 小时，然后降到与对照组相同的温度条件下，研究高温处理对种公猪的影响。种公猪在 33℃的高温条件下处理 72 小时，其精液质量受到严重的影响，表现出精子活力下降、总精子数和活精子数减少、畸形精子数增加，因而使与配母猪妊娠率下降，胚胎成活率降低。从影响时间来看，处理 58 天后精液质量才恢复正常。可见高温对种公猪有非常大的影响。

防暑降温的措施很多，有通风、洒水、洗澡、遮阳等方法，各地可因地制宜进行操作。

2. 种公猪的饲喂

种公猪过肥或过瘦都不是理想的状况，公猪过肥，易引起贪睡，性欲减弱，甚至不能配种。严重时引起睾丸脂肪变性，精子活力不强或发育不健全。出现这种情况，大多数是因为公猪的饲料营养不全，能量含量过高，蛋白质、矿物质和维生素供应不足，运动不足或缺乏运动所致。此时，应减少能量饲料的喂量，适当地增喂青饲料，增加运动量。发现公猪过瘦时，则应及时提高饲料的营养水平，减少配种次数，甚至停止使用。在常年均衡产仔的猪场，种公猪常年配种使用，全年各月份都要按配种期的饲养标准饲喂。采用季节性产仔方式的猪场，种公猪配种任务相对集中，需在配种前 1～1.5 个月逐渐增加营养，使其达到种用体况，做好配种前的准备。待配种季节过后，再适当降低公猪的营养水平。配种期间每天可增加 2～3 枚鸡蛋或其他动物性蛋白质饲料，以保证足够的精液数量和良好的精液质量。在寒冷的冬季，应适时调整饲料的营养水平，使其比饲养标准提高 10%～20%。种公猪的饲料以精料为主，同时辅以各种青绿多汁饲料，提高营养的全价性和适口性。但值得注意的是，公猪的饲料体积不宜过大，以防公猪腹大而影响配种。饲喂方式以湿拌料日喂 3 次为宜。另外，严禁发霉变质或有毒饲料混入种公猪的饲料。如果缺乏青绿饲料，饲料粗纤维应达 4%～5%。

种公猪的饲料投喂应根据猪的年龄、体重和配种的频度适当地投喂，不能过饱也不能喂得太少，一般公猪在配种期间日投喂量为 2.5 千克，非配种期投喂量为 2 千克。

第二节　妊娠母猪的饲养管理

一、妊娠母猪的管理

1. 胚胎与胎儿死亡的规律

一般母猪 1 次发情排卵 20 个以上，能受精的 18 个左右，但实际产仔约 10 头，其中 40%～50%的受精卵死亡。其中胚胎死亡的三个高峰期如下。

第 1 个死亡高峰时期：受精后 9～13 天，这时受精卵附着在子宫壁上还没形成胎盘，胚胎处于游离状态，易受外界的机械刺激或饲料质量（如冰冻或霉烂的饲料等）的影响而引起流产。连续高温使母猪遭受热应激，大肠杆菌和白色葡萄球菌引起子宫感染，妊娠母猪的饲料中能量过高，都会引起胚胎死亡。此期胚胎的死亡占受精卵的 20%～25%。

第 2 个死亡高峰时期：妊娠后约第 3 周（第 21 天）。此期正处于胚胎器官形成阶段，胚胎争夺胎盘分泌的营养物质，在竞争中强者存弱者亡。此期的死亡占受精卵的 10%～15%。

第 3 个死亡高峰时期：受精后的 60～70 天，胎盘停止生长，而胎儿迅速生长，可能因胎盘机能不完全，胎盘循环不足影响营养供给而致胎儿死亡。此期胚胎的死亡占受精卵的 10%～15%。

2. 选择适当的饲养方式

饲养方式要因猪而异。对于断奶后体瘦的经产母猪，应从配种前 10 天起就开始增加采食量，提高能量和蛋白质水平，直至配种后恢复繁殖体况为止，然后按饲养标准降低能量浓度，并可多喂青粗饲料。对妊娠初期膘情已达七成的经产母猪，前期给予相对低营养水平的饲料便可，到妊娠后期要给予营养丰富的饲料。青年母猪由于本身尚处于生长发育阶段，同时负担胎儿的生长发育，哺乳期内妊娠的母猪要满足泌乳与胎儿发育的双重营养需要，对这两种类型的妊娠母猪，在整个妊娠期内，应采取随妊娠饲料的延长逐步提高营养水平的饲养方式。不论是哪一种型的母猪，妊娠后期（90 天至产前 3 天）都需要“短期优饲”。一种办法是每天每头增喂 1 千克以上的混合精料，另一种办法是在原饲料中添加动物性脂肪或植物油脂（占总饲料的 5%～6%），两种办法都能取得良好效果。近 10 年来的许多研究证实，在母猪妊娠最后两周，饲料中添加脂肪有助于提高仔猪初生重和存活率。这是由于随血液循环从母体进入胎儿中的脂肪酸量增加，从而提高了用于合成胎儿组织的酰基甘油和糖原的含量，使初生仔猪体内有较多的能量（脂肪和糖原）储备，从而有利于仔猪出生后适应新的环境。同时，母猪初乳及常乳中的脂肪和蛋白质含量也有所提高。试验证明，在母猪妊娠的最后两周，用占饲料干物质 6%的饲用动物脂肪或玉米油饲喂，仔猪初生重可提高 10%～12%，每头母猪一年中的育成仔猪数可增加 1. 5～2 头。

3. 掌握饲料体积

掌握饲料体积要考虑 3 个方面：保持预定的饲料营养水平；使妊娠母猪不感到饥饿；不感到压迫胎儿。操作方法是根据胎儿发育的不同阶段，适时调整精粗饲料比例，后期还可采取增加日喂次数的方法来满足胎儿和母体的营养需要。

4. 讲究饲料质量

无论是精饲料还是粗饲料，都要保证其质量优良，不喂发霉、腐败、变质、冰冻或带有毒性和强烈刺激性的饲料，否则会引起流产。饲料种类也不宜经常变换。饲料变换频繁，对妊娠母猪的消化机能不利。

5. 精心管理

对妊娠母猪要加强管理，防止流产。夏季注意防暑，严禁鞭打，跨越污水沟和门栏要慢，防止拥挤和惊吓，防止急拐弯和在光滑泥的道路上运动。雨雪天和严寒天气应停止运动，以免受冻和滑倒，保持安静。妊娠前期可合群饲养，后期应单圈饲养（图 4-11），临产前应停止运动。

图 4-11　单圈和小群饲养模式

二、妊娠母猪的饲喂

根据胎儿的发育变化，常将 114 天妊娠期分为两个阶段，前 84 天（12 周）为妊娠前期，85 天到出生为妊娠后期。断奶后的母猪体质瘦弱，在配种后 20 天内应对母猪加强营养，使母猪迅速恢复体况。这个时期也正是胎盘形成时期，胚胎需要的营养虽不多，但各种营养素要平衡，最好供给全价配合饲料。自配饲料的猪场除给母猪适当混合精料外，应注意维生素和矿物质的供给。妊娠 20 天后母猪体况已经恢复，而且食欲增加，代谢旺盛，在饲料中可适当增加一些青饲料、优质粗饲料和精渣类饲料。妊娠后期胎儿发育很快，为了保证胎儿迅速生长，生产出体重大、生活力强的仔猪，就需要供给母猪较多的营养，增加精料量，减少青饲料或糟渣饲料。妊娠母猪应限饲，饲喂量应控制在 2.0~2.5 千克/天。从研究结果看，妊娠期母猪的营养只要满足维持需要与母猪生长需要（青年母猪）以及胎儿需要就够了。采食量不能过多（图 4-12），如果妊娠期采食量过多，泌乳期的采食量会下降，母猪失重增加。据报道，妊娠期每多采食 2 兆焦消化能，泌乳期将会少采食 1 兆焦消化能。如果妊娠期营养过剩，母猪过肥，腹腔内特别是子宫周围沉积脂肪过多，则影响胎儿生长发育，产生死胎或弱仔猪。也不能给母猪喂量过少造成营养不良，身体消瘦，对胚胎发育和产后泌乳都有不良影响。因此，妊娠母猪提倡限制饲养，合理控制母猪增重，有利于母猪繁殖生产。

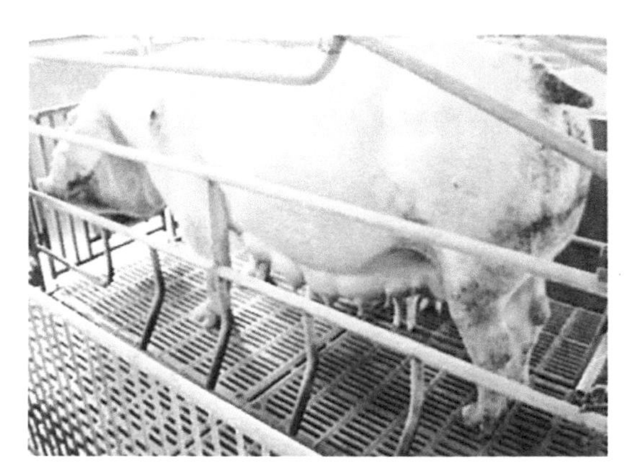

图 4-12　刚分娩的母猪要控制其采食量

妊娠母猪限制饲喂的方法如下。

1. 单独饲喂法

利用妊娠母猪栏，单独饲喂，最大限度地控制母猪饲料摄入。这种方法节省饲养成本，可以避免母猪之间相互抢食与咬斗，减少机械性流产和仔猪出生前的死亡，但要注意肢蹄病的发生。

2. 隔日饲喂法

在一周的3天中，如星期一、星期三、星期五，自由采食8小时，在一周剩余的四天中，母猪只许饮水，但不给饲料。研究结果表明，母猪很容易适应这种方法，母猪的繁殖性能并没有受到影响。该方法不适宜于集约化养猪。

3. 饲料稀释法

即添加高纤维饲料（如苜蓿干草、苜蓿草粉、米糠等）配成大体积饲料，可使母猪经常自由采食。这种方法能减少劳动力，但母猪的维持费用相对较高，同时也很难避免母猪偏肥。

4. 母猪电子识别饲喂系统

使用电子饲喂器，自动供给每头母猪预定的料量。计算机控制饲喂器，通过母猪的磁性耳标或颈圈上的传感器来识别个体。当母猪要采食时，来到饲喂器前，计算机就分给它日料量的一小部分。该系统适合任何一种料型，如颗粒料、湿粉料、干粉料、稠拌料或稀料。

第三节　哺乳母猪

一、母猪分娩征兆观察及分娩实时判断

母猪产仔是养猪生产中最繁忙的生产环节，要全力以赴保证母猪安全产仔，仔猪成活、健壮。因此，要推算预产期，做好产前准备、临产诊断和安全接产等工作。

1. 预产期的推算

母猪配种时要详细记录配种日期和与配公猪的品种及号码。一

旦确定妊娠，就要推算出预产期，用小木板做成母猪“预产牌”挂在母猪圈门口，以便于饲养管理，做好接产工作。

母猪的预产期有以下几种推算方法。

（1）在配种的日期上加 3 个月、3 个星期和 3 天；或在配种的月份上加4，在配种的日期上减6。例如，母猪在6月10日配种，用前一种方法推算，其预产期则是9（6+3）月，34 日（10+21+3，以30 天作为1个月），故为10月4日。用月加4、日减6 的方法计算出的预产期也是10月4日。

（2）在生产上为了把预产期推算得更准确，把大月和小月的误差都排除掉，同时也为了应用方便，减少临时推算的错误，可预先列出分娩日期推算表（表4-2），在表上可以方便地查出预产期。

表 4-2　母猪分娩日期推算表

配种	1月	2月	3月	4月	5月	6月	7月	8月	9月	10月	11月	12月
1日	4/25	5/26	6/23	7/24	8/23	9/23	10/23	11/23	12/24	1/23	2/23	3/25
2日	4/26	5/27	6/24	7/25	8/24	9/24	10/24	11/24	12/25	1/24	2/24	3/26
3日	4/27	5/28	6/25	7/26	8/25	9/25	10/25	11/25	12/26	1/25	2/25	3/27
4日	4/28	5/29	6/26	7/27	8/26	9/26	10/26	11/26	12/27	1/26	2/26	3/28
5日	4/29	5/30	6/27	7/28	8/27	9/27	10/27	11/27	12/28	1/27	2/27	3/29
6日	4/30	5/31	6/28	7/29	8/28	9/28	10/28	11/28	12/29	1/28	2/28	3/30
7日	5/1	6/1	6/29	7/30	8/29	9/29	10/29	11/29	12/30	1/29	3/1	3/31
8日	5/2	6/2	6/30	7/31	8/30	9/30	10/30	11/30	12/31	1/30	3/2	4/1
9日	5/3	6/3	7/1	8/1	8/31	10/1	10/31	12/1	1/1	1/31	3/3	4/2
10日	5/4	6/4	7/2	8/2	9/1	10/2	11/1	12/2	1/2	2/1	3/4	4/3
11日	5/5	6/5	7/3	8/3	9/2	10/3	11/2	12/3	1/3	2/2	3/5	4/4
12日	5/6	6/6	7/4	8/4	9/3	10/4	11/3	12/4	1/4	2/3	3/6	4/5
13日	5/7	6/7	7/5	8/5	9/4	10/5	11/4	12/5	1/5	2/4	3/7	4/6
14日	5/8	6/8	7/6	8/6	9/5	10/6	11/5	12/6	1/6	2/5	3/8	4/7
15日	5/9	6/9	7/7	8/7	9/6	10/7	11/6	12/7	1/7	2/6	3/9	4/8
16日	5/10	6/10	7/8	8/8	9/7	10/8	11/7	12/8	1/8	2/7	3/10	4/9
17日	5/11	6/11	7/9	8/9	9/8	10/9	11/8	12/9	1/9	2/8	3/11	4/10
18日	5/12	6/12	7/10	8/10	9/9	10/10	11/9	12/10	1/10	2/9	3/12	4/11

（续表）

配种	1月	2月	3月	4月	5月	6月	7月	8月	9月	10月	11月	12月
19日	5/13	6/13	7/11	8/11	9/10	10/11	11/10	12/11	1/11	2/10	3/13	4/12
20日	5/14	6/14	7/12	8/12	9/11	10/12	11/11	12/12	1/12	2/11	3/14	4/13
21日	5/15	6/15	7/13	8/13	9/12	10/13	11/12	12/13	1/13	2/12	3/15	4/14
22日	5/16	6/16	7/14	8/14	9/13	10/14	11/13	12/14	1/14	2/13	3/16	4/15
23日	5/17	6/17	7/15	8/15	9/14	10/15	11/14	12/15	1/15	2/14	3/17	4/16
24日	5/18	6/18	7/16	8/16	9/15	10/16	11/15	12/16	1/16	2/15	3/18	4/17
25日	5/19	6/19	7/17	8/17	9/16	10/17	11/16	12/17	1/17	2/16	3/19	4/18
26日	5/20	6/20	7/18	8/18	9/17	10/18	11/17	12/18	1/18	2/17	3/20	4/19
27日	5/21	6/21	7/19	8/19	9/18	10/19	11/18	12/19	1/19	2/18	3/21	4/20
28日	5/22	6/22	7/20	8/20	9/19	10/20	11/19	12/20	1/20	2/19	3/22	4/21
29日	5/23		7/21	8/21	9/20	10/21	11/20	12/21	1/21	2/20	3/23	4/22
30日	5/24		7/22	8/22	9/21	10/22	11/21	12/22	1/22	2/21	3/24	4/23
31日	5/25		7/23		9/22		11/22	12/23		2/22		4/24

表中上边的第1行为配种月份，左边第1列为配种日期，表中交叉部分为预产日期。例如，30号母猪2月5日配种，先从配种月份中找到2，再从配种日中找到5月，交叉处的5/30为预产期。

2. 母猪临产的征兆

（1）行为表现。如母猪出现叼草絮窝，突然停食，紧张不安，时起时卧；频频排粪，拉小而软的屎，每次排尿量少，但次数频繁等情况；护仔性强的母猪变得性情粗暴，不让人接近，有的还咬人，给人工接产造成困难。说明当天即将产仔。

（2）乳头的变化。母猪前面的乳头能挤出乳汁时，约在24小时产仔，中间乳头能挤出乳汁时，约在12小时产仔，最后1对乳头能挤出乳汁时，在4~6小时产仔。

（3）乳房的变化。母猪在产前15~20天，乳房由后向前逐渐下垂，越接近临产期，腹底两侧越像带着两条黄瓜一样，乳头呈“八”字形分开，皮肤紧张，初产母猪乳头还发红发亮。

（4）外阴部的变化。母猪产前3~5天，外阴部开始红肿下垂，尾根两侧出现凹陷，这是骨盆张开的标志。排泄粪尿的次数增加。

（5）呼吸次数增加。产前 1 天每分钟呼吸 54 次，产前 4 小时每分钟 90 次。

产前征兆与产仔时间参见表 4-3。

表 4-3　产前征兆与产仔时间

产前征兆	距产仔时间
乳房胀大（俗称“下奶缸”）	15 天左右
阴户红肿，尾根两侧下凹（俗称“松垮”）	3~5 天
挤出透明乳汁	1~2 天（从前面乳头开始）
叨草絮窝（浴称“闹栏”），起卧不安	8~16 小时（初产猪、本地猪和冷天开始早）
乳汁为乳白色	6 小时左右
频频排泄粪尿	2~5 小时
呼吸急促（每分钟 90 次左右）	4 小时左右（产前一天每分钟呼吸 54 次）
躺下、四肢伸直、阵缩间隔时间逐渐缩短	10~90 分钟
阴门流出分泌物	1~20 分钟

总结起来为：行动不安，起卧不定，食欲减退，叨草絮窝，乳房胀大，色泽潮红，挤出奶水，频频排尿，阴门红肿下垂，尾根两侧出现凹陷。临产母猪有了这些征兆，一定要有人看管，做好接产准备工作。

在生产实践中，常以叼草絮窝，最后一对乳头能挤出浓稠乳汁，挤时乳汁如水轮似射出作为判断母猪即将产仔的主要征兆。

二、母猪分娩前后的护理

（一）分娩前的准备

对母猪、仔猪的影响均较大，应做好相应的准备工作。

（1）产房的准备。工厂化猪场实行流水式的生产工艺，均设置专门的产房。如果不设产房，在天冷时，圈前也要挂塑料布帘或草帘，圈内挂上红外线灯。产房要求温暖干燥，清洁卫生，舒适安静，阳光充足，空气新鲜。温度在 22~23℃，相对湿度 65%~75% 为宜

（图 4-13）。产房内温度过高或过低是仔猪死亡和母猪患病的重要原因。在母猪产前的 5~7 天将产房冲洗干净，再用 2%~3%的来苏尔或 2%的氢氧化钠水消毒，墙壁用石灰水粉刷。

图 4-13　母猪产前提前进入产房饲养

（2）母猪引进分娩舍。为使母猪适应新的环境，应在产前 3~5 天将母猪赶入分娩舍。进分娩栏过晚，母猪精神紧张，影响正常分娩。进栏宜在早饲前空腹时进行，将母猪赶入产栏后立即进行饲喂，使其尽快适应新的环境。母猪进栏后，饲养员应训练母猪，使之养成在指定地点趴卧、排泄的习惯。

（3）接产用具及药品准备。包括母猪产仔记录表格、照明灯、接产箱（筐）、擦布、剪子、5%的碘酒、2%~5%的来苏尔、结扎线（应浸泡在碘酒中）、秤、耳号钳、保暖电热板或保温灯等。

（4）产房及猪体的清洁消毒。进产房前对产房（图 4-14）及猪体进行清洁消毒，用温水擦洗腹部、乳房及阴门附近，有条件可进行母猪的淋浴，然后用 2%~5%的来苏尔消毒。

（二）母猪分娩前的护理

应根据母猪的膘情和乳房发育情况采取相应的措施。对膘情及乳房发育良好的母猪，产前 3~5 天应减料，逐渐减到妊娠后期饲养水平的 1/2 或1/3，并停喂青绿多汁饲料，以防母猪产后乳汁过多，而发生乳房炎，或因乳汁过浓而引起仔猪消化不良，产生拉稀。对

图 4-14　产前消毒产房

那些膘情及乳房发育不好的母猪，产前不仅不应减料，还应加喂含蛋白质较多的饼类饲料或动物性饲料。产前 3~7 天应停止驱赶运动或放牧，让其在圈内自己运动。

（三）母猪的安全分娩

1. 胎儿的产式

在正常分娩开始之前，不同家畜的胎儿在子宫内保持自己特有的位置，在分娩时表现出一种胎位。猪有两个子宫角，仔猪的产出是从子宫颈端开始有顺序地进行的，其产式无论是先从头位或尾位均是同样顺序，不至于难产。

2. 分娩

分娩可分为准备阶段、排出胎儿、排出胎盘及子宫复原 4 个阶段。

（1）准备阶段。在准备阶段前，子宫相当安稳，可利用的能量储备达到最高水平。临近分娩前，肌肉的伸缩性蛋白质（即肌动球蛋白）也开始增加数量和改进质量，使子宫能够提供排出胎儿所需的能量和蛋白质。

准备阶段以子宫颈的扩张和子宫纵肌及环肌的节律性收缩为特征。在准备阶段初期，子宫以 15 分钟左右的间隔周期性地发生收缩，每次持续约 20 秒，随着时间的推移，收缩频率、强度和持续时间增加，一直到每隔几分钟重复收缩。这时，任何一种异常的刺激都会造成分娩抑制，从而延缓或阻碍分娩。

间歇性收缩并非在整个子宫均匀地进行，而是由蠕动和分节收缩组成。多胎动物，收缩开始于子宫的胎儿最前方，子宫的其余部分保持逐步状态。这些子宫收缩，是由于外来的自主神经反射机制和平滑肌特有的自动收缩所致。神经反射可因胎儿的活动而增进，而内在的机制则受激素特别是催产素的促进。

在此阶段结束时，由于子宫颈扩张使子宫和阴道成为连通的管道，从而促进胎儿和尿囊绒毛膜被迫进入骨盆入口，尿囊绒毛膜就在此处破裂，尿囊液顺着阴道流出阴门外。

（2）排出胎儿。膨大的羊膜同胎儿头和四肢部分被迫进入骨盆入口时，引起横膈膜和腹肌的反射性收缩。胎儿随同 1 个或 2 个胎液囊的破裂经子宫而进入阴道，由此所引起的反射性收缩迫使胎儿通过产道。猪的胎盘与子宫的结合是弥散性的，在准备阶段开始后不久，大部分胎盘与子宫的联系就被破坏而脱离。如果在排出胎儿阶段，胎盘与子宫的联系仍然不能很快脱离，胎儿就会因此而窒息死亡。

（3）排出胎盘。胎盘的排出与子宫收缩有关。子宫角顶部开始的蠕动性收缩引起尿囊绒毛膜的内翻，有助于胎儿排出。母猪每个胎膜都附着于胎儿，在出生时有的胎膜完全包住胎儿，如果不及时将它撕裂，胎儿就会窒息而死。

一般正常分娩为 5~25 分钟产出 1 头仔猪，分娩持续时间为 1~4 小时，在仔猪全部产出后隔 10~30 分钟排出胎盘。

（4）子宫复原。胎儿和胎盘排出之后，子宫恢复到正常时的大小，这个过程称为子宫复原。产后几周内，子宫收缩更为频繁，在产后第 1 天内大约每 3 分钟收缩 1 次，在以后 3~4 天，子宫收缩逐渐减少到 10~12 分钟 1 次。收缩的作用是缩短已延伸的子宫肌细胞，大致在 45 天以后，子宫恢复到正常大小，而且更新子宫上皮。

子宫颈的回缩较子宫慢，到第 3 周末才完成复原。子宫的组成部分并非都能恢复到妊娠前的大小。未孕子宫角几乎完全回缩，而孕后子宫角和子宫颈不能复原到原来大小。

3. 接产

（1）接产。安静的环境对正常的分娩是很重要的。一般母猪分娩多在夜间，整个接产过程要求保持安静，动作迅速而准确。

①仔猪产出后，接产人员应立即用手指将仔猪口、鼻的黏液掏出并擦净，再用抹布将全身黏液擦净。

②断脐。先将脐带内的血液向仔猪腹部方向挤压，然后在距离腹部 4 厘米处把脐带用手指掐断，断处用碘酒消毒，若断脐时流血过多，可用手指捏住断头，直到不出血为止。

③仔猪编号。编号便于记载和鉴定，对种猪具有重大意义，可以分清每头猪的血统、发育和生产性能。编号的标记方法很多，目前常用剪耳法，即利用耳号钳在猪耳朵上打缺口。每剪 1 个耳缺，代表 1 个数字，把几个数字相加，即得其号数。编号时，最末 1 个号数是单号（1、3、5、7、9）的一般为公猪，双号（0、2、4、6、8）的为母猪，其原则是用最少的缺口来代表一个猪的耳号，比较通用的剪耳方法为“左大右小，上一下三”，左耳尖缺口为 200，右耳为 100；左耳小圆洞 800，右耳 400。每头猪实际耳号就是所有缺口代表数字之和。

④称重并登记分娩卡片。

⑤处理完上述工作后，立即将仔猪送到母猪身边固定乳头吃奶，有个别仔猪生后不会吃奶，需进行人工辅助，寒冷季节，无供暖设备的圈舍要生火保温，或设置保温箱，用红外线灯泡提高局部温度。

⑥假死仔猪的急救。有的仔猪产下后呼吸停止，但心脏仍在跳动，称为“假死”。急救办法以人工呼吸最为简便，操作时可将仔猪的四肢朝上，一手托着肩部，另一手托着臀部，然后一屈一伸反复进行，直到仔猪叫出声后为止，也可采用在鼻部涂酒精等刺激物或针刺的方法来急救。如果脐带有波动，“假死”的仔猪一般都可以抢救过来。据报道，近几年来采用“捋脐法”抢救假死仔猪，救活率达 98%。具体操作方法是，尽快擦净胎儿口鼻内的黏液，将头部稍

高置于软垫草上，在脐带 20~30 厘米处剪断，术者一手捏紧脐带末端，另一手自脐带末端捋动，每秒 1 次，反复进行不得间断，直至救活。一般情况下，捋 30 次时假死仔猪出现深呼吸，40 次时仔猪发出叫声，60 次左右仔猪可正常呼吸。特殊情况下，要捋脐 120 次左右，假死仔猪方能救活。对救活的假死仔猪必须人工辅助哺乳，特殊护理 2~3 天，使其尽快恢复健康。

⑦及时清理产圈。产仔结束后，应及时将产床、产圈打扫干净，排出的胎衣随时清理，以防母猪由吃胎衣养成吃仔猪的恶癖。

（2）助产技术。母猪长时间剧烈阵痛，但仔猪仍产不出，这时若发现母猪呼吸困难，心跳加快，应实行人工助产。一般可用人工合成催产素注射（图 4−15），用量按每 50 千克体重 1 支（1 毫升），注射后 20~30 分钟可产出仔猪。如注射催产素仍无效，可采用手术掏出。施行手术前，应剪磨指甲，用肥皂、来苏儿洗净双手，消毒手臂，涂润滑剂，同时将母猪后躯、肛门和阴门用 0.1%高锰酸钾溶液洗净，然后助产人员将左手五指并拢，成圆锥状，沿着母猪努责间歇时慢慢伸入产道，伸入时手心朝上，摸到仔猪后随母猪努责慢慢将仔猪拉出，在助产过程中，切勿损伤产道和子宫，手术后，母猪应注射抗生素或其他抗炎症药物。若母猪产道过窄，或因产道粘连，助产无效时，可以考虑剖腹手术（图 4−16）。

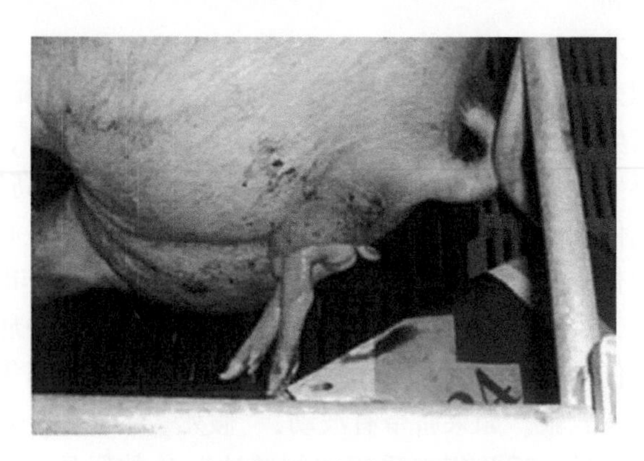

图 4−15　使用人工合成催产素催产法

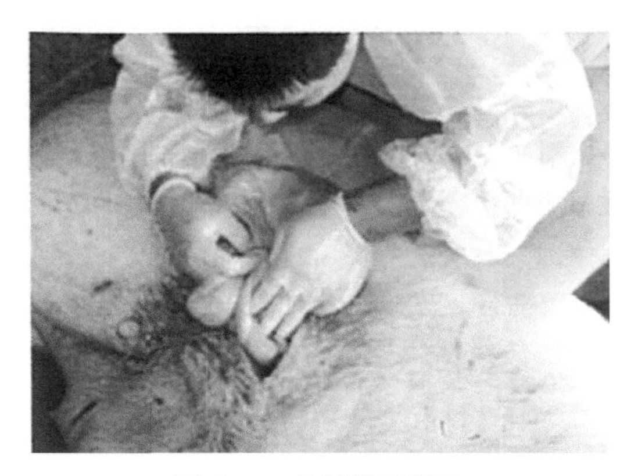

图 4-16　给母猪剖腹产

（四）分娩前后的饲养

临产前 5～7 天应按饲料的 10%～20%减少精料，分娩当天减到日喂量的 50%，并调配容积较大而带轻泻性的饲料，可防止母猪便秘，减少饲料也可防止母猪产后乳汁过浓而引起仔猪拉稀。小麦麸为轻泻性饲料，可代替原饲料的一半。分娩前 10～12 小时最好不再喂料，但应满足饮水，冷天水要加温。母猪产后消化机能较弱，食欲降低，不宜过早喂料。分娩当天母猪可喂 0.9～1.4 千克饲料，然后逐渐加量，5～7 天后达到哺乳母猪的饲养标准和喂量，必须避免分娩后一周内强制增料，否则有可能发生乳房炎、乳房结块，仔猪由于吃过稠过量母乳而腹泻。有的母猪产后食欲很好，一定要严格控制喂量，喂量过多容易发生“顶食”，以后几天不吃食。母猪泌乳量下降，仔猪没奶吃，容易生病或死亡。

在母猪增料阶段，应注意母猪乳房的变化和仔猪的粪便，从这些现象就能断定加料是否合理。当前有些养猪场在母猪分娩前 7～10 天内饲喂一定剂量抗生素，认为既可防病（包括仔猪）又可防止分娩期间及以后出现疾病。

（五）分娩前后的管理

母猪在临产前 3～7 天内应停止舍外运动，一般只在圈内自由活动，圈内应铺上清洁干燥的垫草，母猪产仔后立即更换垫草，保持垫草和圈舍的干燥清洁。冬春季要防止贼风侵袭，以免母猪感冒缺奶。保持母猪乳房和乳头的清洁卫生，减少仔猪吃奶时的污染。分娩后，母猪身体很疲惫需要休息，在安排好仔猪吃足初乳的前提下，应让母猪尽量多休息，以便迅速恢复体况。母猪产后 3~5 天内，注意观察母猪的体温、呼吸、心跳、皮肤黏膜颜色、产道分泌物、乳房、采食、粪尿等，一旦发现异常应及时诊治，防止病情加重影响正常的泌乳和引发仔猪腹泻等疾病。生产中常出现乳房炎、产后生殖道感染、产后无乳等病例，应引起重视，以免影响生产。

三、哺乳母猪的饲养管理

1. 哺乳母猪的管理

（1）保持良好的环境。猪舍内要保持温暖、干燥、卫生、空气新鲜，除每天清扫猪栏、冲洗排污道外，还必须坚持每 2~3 天用对猪无副作用的消毒药喷雾消毒猪栏和走道（图 4-1）。保持清洁、干燥、卫生、通风良好的环境，可减少母猪、特别是仔猪感染疾病的机会，有利于母、仔健康。冬季应注意防寒保温，哺乳母猪产房应有取暖设备，防止贼风侵袭。在夏季应注意防暑，增设防暑降温设施，以免影响母猪采食量，防止母猪中暑。尽量减少噪音、大声喊、粗暴对待母猪等各种应激因素，保持安静的环境条件，让母猪得到充分休息，有利于泌乳。

（2）保护好母猪的乳房。母猪乳房乳腺的发育与仔猪的吸吮有很大关系，特别是头胎母猪，一定要使所有的乳头都能均匀利用，以免未被吸吮利用的乳房发育不好，影响泌乳量。当头胎母猪产仔数过少时，可采取并窝的办法来解决。若无并窝条件，应训练 1 头仔猪吮吸几个乳头，尤其要训练仔猪吸吮母猪后部的乳房，防止未被利用的乳房萎缩，影响下一胎仔猪的吸吮。同时要经常保持哺乳母猪乳房的清洁卫生（图 4-18），特别是在断奶前几天内，通过控制精料和多汁饲料的喂量，使其减少或停止乳汁的分泌，以防母猪发生乳房炎。圈栏应平坦，特别是产床要去掉突出的尖物，防止刷伤别掉乳头。

图 4-17　猪舍喷雾消毒

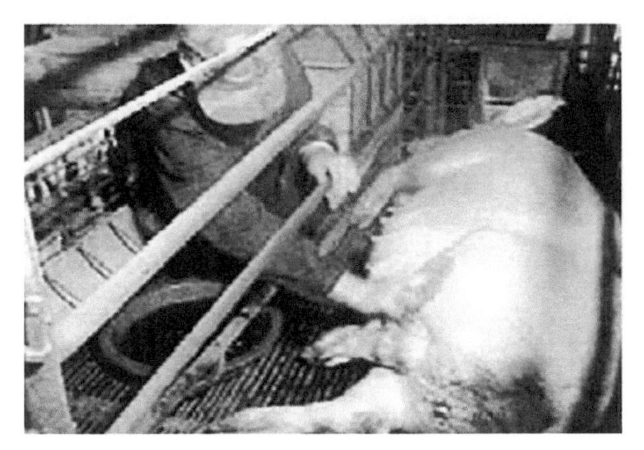

图 4-18　产后清洁母猪乳房

（3）舍外运动。有条件的地方，特别是传统养猪，可让母猪带领仔猪在就近牧场上活动，能提高母猪泌乳量，改善乳质，促进仔猪发育。无牧场条件，最好每天能让母、仔有适当的舍外活动时间。

（4）注意观察。要及时观察母猪吃食、粪便、精神状态及仔猪的生长发育，以便判断母猪的健康状态。如有异常及时报告兽医检查原因，采取措施。

2. 哺乳母猪的饲喂

（1）掌握投料量。产后不宜喂料太多，经 3~5 天逐渐增加投料量，至产后一周，母猪采食和消化正常，可放开饲喂。工厂化猪场 35 日龄断奶条件下，产后 10~20 天，日喂量应达 4.5~5 千克，20~30 天泌乳盛期应达到 5.5~6 千克，30~35 天应逐渐降到 5 千克左右，断奶后应据膘情酌减投料量。传统养猪场，如 50 日龄断奶，则应在产后 40 天之前重点投料，40 日龄以后降低投料，这时母猪泌乳量大为降低，仔猪主要靠补料满足需要。

（2）饲喂次数。以日喂 4 次为好，时间为每天的 6:00、10:00、14:00 和 22:00 为宜，最后一餐不可再提前。这样母猪有饱感，夜间不站立拱草寻食，减少压死、踩死仔猪，有利母猪泌乳和母、仔安静休息。

（3）饮水和投青料。母猪哺乳的需水量大，每天达 32 升。只有保证充足清洁的饮水，才能有正常的泌乳量。产房内要设置乳头式自动饮水器（流速每分钟 1 升）和储水设备，保证母猪随时都能饮水。泌乳母猪最好喂生湿料［料：水 = 1：（0.5~0.7）］，如有条件可以喂豆饼浆汁。给饲料中添加经打浆的南瓜、甜菜、胡萝卜、甘薯等催乳饲料。

（4）饲料结构。泌乳期母猪饲料结构要相对稳定，不要频变、骤变饲料品种，不喂发霉变质和有毒饲料，以免造成母猪乳质改变而引起仔猪腹泻。

第四节 仔猪的饲养管理

仔猪培育可分为 2 个阶段，即哺乳仔猪培育和断乳仔猪（或叫保育猪）培育。

一、哺乳仔猪饲养管理技术

对哺乳仔猪的饲养管理，做好“抓三食，过三关”的要求。

（一）抓乳食过好初乳关

1. 固定乳头，吃好初乳

初乳是母猪分娩后 3 天内分泌的乳汁，其中含有大量的免疫球蛋白，仔猪吸允初乳后，即可产生免疫力，从而提高仔猪的成活率。因此，仔猪出生后，要尽快让仔猪吃足初乳。做到给仔猪固定乳头的习惯，对个别弱小或强壮争夺乳头的仔猪再进行调整，把弱小的仔猪放在前边乳汁多的乳头上，以弥补先天不足，体大强壮的放在后边乳头。以保证整窝仔猪均匀发育。

2. 加强保温，防冻防压

由于仔猪皮薄毛稀，皮下脂肪少，保温隔热能力很差，做好保温是提高仔猪成活率的措施，特别是冬春季节尤其重要。仔猪最适温度是出生前 3 天保持在 30~32℃，4~7 天 28~30℃，以后每周降低 2℃，逐渐降到 22~25℃。保温办法在猪栏内设立仔猪补料栏，面积为 1.2~1.5 平方米，仔猪可随意进出，母猪不能进入。在补料栏内离地面 80~100 厘米处挂红外线保温灯。

（二）抓开食过好补料关

铁元素是造血和防止营养性贫血的必要元素。仔猪出生后肝脏内贮存 49 毫克的铁元素，仔猪发育每天需 7 毫克的铁元素，一般 7 日龄左右易出现贫血，食欲减退，生长停滞，患白痢等，严重者死亡。哺乳仔猪最适的补充铁元素时间是 3~6 日龄，常用的补充铁元素方法有铁铜合剂补饲法、铁钴合剂注射等，补充铁元素可以促进仔猪生长，在仔猪出生 3 日龄和 10 日龄分别肌肉注射牲血苏 1 毫升和 2 毫升，或者其它含铁元素 100 毫克的铁制剂。硒的补充于仔猪生后 3 日龄肌肉注射 0.1%亚硒酸钠 0.5 毫升，断乳时再注射 0.5 毫升，在缺硒地区可普遍使用。7 日龄开始进行补饲训练。

二、断奶仔猪的饲养管理技术

（一）防止僵猪产生的方法

生产中常有些仔猪生长缓慢，被毛蓬乱无光泽，生长发育严重受阻，形成两头尖、肚子不小的“刺猬猪”，俗称“小老猪”，即僵猪。僵猪的出现会严重影响仔猪的整齐度和均质性，进而影响整个猪群的出栏率和经济效益。因此，必须采取措施，防止僵猪产生。

1. 僵猪产生的原因

（1）妊娠母猪饲养管理不当，营养缺乏，使胎儿生长发育受阻，造成先天不足，形成“胎僵”。

（2）泌乳母猪饲养管理欠佳，母猪没奶或缺乳，影响仔猪在哺乳期的生长发育，造成“奶僵”。

（3）仔猪多次或反复患病，如营养性贫血、腹泻、白肌病、喘气病、体内外寄生虫病等，严重地影响了仔猪的生长发育，形成“病僵”。

（4）仔猪开食晚补料差，仔猪料质量低劣，使仔猪生长发育缓慢，而成为僵猪。

（5）一些近亲繁殖或乱交滥配所生仔猪，生活力弱，发育差，易形成僵猪。

2. 防止僵猪产生的措施

（1）加强母猪妊娠期和泌乳期的饲养管理。保证蛋白质、维生素、矿物质等营养和能量的供给，使仔猪在胚胎阶段先天发育良好；生后能吃到充足的乳汁，使之在哺乳期生长迅速，发育良好。

（2）搞好仔猪的养育和护理，创造适宜的温度环境条件。早开食、适时补料，并保证仔猪料的质量，完善仔猪的饲料，满足仔猪迅速生长发育的营养需要。

（3）搞好仔猪圈舍卫生和消毒工作。使圈舍干暖清洁，空气新鲜。

（4）及时驱除仔猪体内外寄生虫，有效地防制仔猪腹泻等疾病的发生，对发病的仔猪，要早发现、早治疗。要及时采取相应的有效措施，尽量避免重复感染，缩短病程。

（5）避免近亲繁殖和母猪偷配，以保证和提高其后代的生活力和质量。

3. 解僵办法

应从改善饲养管理着手，如单独喂养、个别照顾，一般先对症治疗，该健胃的健胃，该驱虫的驱虫，然后调整饲料，增加蛋白质饲料、维生素营养等，多给一些易消化、营养多汁、适口性好的青饲料并添加一些微量元素，也可给一些抗菌抑菌药物。必要时，还可以采取饥饿疗法，让僵猪停食 24 小时，仅供给饮水，以达到清理肠道、促进肠道蠕动、恢复食欲的目的。

此外，还应常给僵猪洗浴、刷拭、晒太阳，并加强放牧运动。

（二）仔猪断奶技术

仔猪断奶前和母猪生活在一起，冷了有保温小圈，平时有舒适而熟悉的环境条件，遇到惊吓可躲到母猪身边，有大母猪的保护。其营养来源为母乳和全价的仔猪料，营养全面。同窝仔猪也十分熟悉。而断奶后，母仔分开，失去母猪的保护，仔猪光吃料，不吃奶了，开始了独立生活。因此，断奶是仔猪生活中营养方式和环境条件变化的转折。如果处理不当，仔猪想念母猪，精神不安，吃睡不宁，易掉膘。再加上其他应激因素，很容易发生腹泻等疾病，会严重影响仔猪的生长发育。因此，选好适宜的断奶时间，掌握好断奶方法，搞好断奶仔猪饲养管理十分重要。

第五节　生长肥育猪的饲养管理

一、生长肥育猪的管理

（1）合理组群。生长肥育猪一般都是群养，合理组群十分重要。按杂交组合、性别、体重大小和强弱组群可使猪发育整齐，充分发挥各自的生产潜力，达到同期出栏。

（2）群体大小与饲养密度。肥育猪最适宜的群体大小为每圈 4~5 头，但这样会降低圈舍及设备利用率，增加饲养成本。生产实践中，在温度适宜、通风良好的情况下，每圈以 10 头左右为宜。饲养密度按每只猪至少 1 平方米的面积来确定。

（3）调教。根据猪的生物学习性和行为学特点进行引导与训练，使猪养成在固定地点排粪、躺卧、吃料的习惯，既有利于其生长发育和健康，也便于日常管理。

（4）舒适的环境。猪舍设计不合理或管理不善，通风换气不良，饲养密度过大，卫生状况不好，就会造成舍内空气潮湿、污浊，充满大量氨气、硫化氢和二氧化碳等有害气体，从而降低猪的食欲、影响猪的增重和饲料利用率，还可引起猪的眼、呼吸系统和消化系统疾病。因此，除在猪舍建筑时要考虑猪舍通风换气的需要，设置必要的换气通道，安装必要的通风换气设备外，还要在管理上注意经常打扫猪栏，保持圈舍清洁，减少污浊气体及水汽的产生，以保证舍内空气的清新。

肥育舍（图 4-19）的最适室温为 18℃，在适温区内，猪增重快，饲料利用率高。舍内温度过低，猪生长缓慢，饲料利用率下降。温度过高导致食欲降低、采食量下降，影响增重，若再加上通风不良、饮水不足，还会引起猪中暑死亡。湿度对猪的影响远远小于温度，空气相对湿度以 60%～75%为宜。生长肥育猪舍的光照只要不影响操作和猪的采食就可以了。

图 4-19　半漏缝地板生长肥育舍

二、生长肥育猪的饲喂

（1）“吊架子肥育。”又称“阶段肥育方式”，其要点是将整个肥育期分为3个阶段，采取“两头精、中间粗”的饲养方式，把有限的精料集中在小猪和催肥阶段使用。小猪阶段喂给较多精料；中猪阶段喂给较多的青粗饲料，饲养期长达6个月左右；大猪阶段，通常在出栏屠宰前2~3个月集中使用精料，特别是碳水化合物饲料，进行短期催肥。这种饲养方式与农户自给自足的经济相适应。

（2）“直线肥育”。就是根据生长肥育猪生长发育的需要，在整个肥育期充分满足猪对各种营养物质的需要，并提供适宜的环境条件，充分发挥其生长潜力，以获得较高的增重速度及优良的胴体质量，提高饲料利用率，在目前的商品生长肥育猪生产中被广泛采用。

（3）“前高后低式肥育”。即在生长肥育猪生长前期采用高能量、高蛋白质饲料，任猪自由采食以保证肌肉的充分生长。后期适当降低饲料能量和蛋白质水平，限制猪每日进食总能量。这样既不会严重降低增重，又能减少脂肪的沉积，得到较瘦的胴体。后期限饲方法：一是限制饲料的供给量，按自由采食量的80%~85%给料；二是仍让猪自由采食，但降低饲料能量浓度（不能低于11兆焦/千克）。

三、生长肥育猪的适宜屠宰活重

生长肥育猪的适宜屠宰活重的确定，要结合日增重、饲料转化率、每千克活重的售价、生产成本等因素进行综合分析。由于我国猪种类型和经济杂交组合较多、各地区饲养条件差别较大，生长肥育猪的适宜屠宰活重也有较大不同。根据各地区的研究成果，地方猪种中早熟、矮小的猪及其杂种猪适宜屠宰活重为70~75千克，其他地方猪种及其杂种猪的适宜屠宰活重为75~85千克；我国培育的猪种和以我国地方猪种为母本、国外瘦肉型品种猪为父本的二元杂种猪，适宜屠宰活重为85~90千克；以两个瘦肉型品种猪为父本的三元杂种猪，适宰活重为90~100千克；以培育品种猪为母本，两个瘦肉型品种猪为父本的三元杂种猪和瘦肉型品种猪间的杂种后代，适宰活重为100~115千克。

第五章　猪疫疾病防治

第一节　免疫接种

疫苗免疫接种是预防和控制家畜传染病的有效手段，所以，搞好猪场疫苗免疫接种，对提高生产效益、促进养猪业的健康发展有着十分重要的意义。

一、严格消毒

注射器、针头、注射部位要严格消毒，针头长度要适中，注射部位要准确，避免造成注射部位肿胀、化脓（图 5-1，图 5-2）。

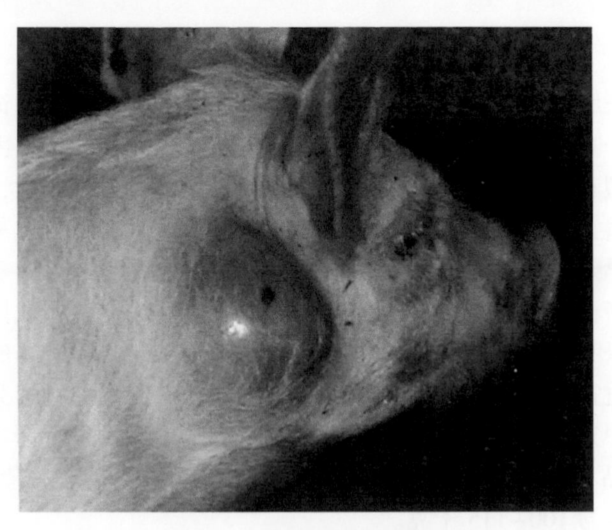

图 5-1　颈部注射部位肿胀

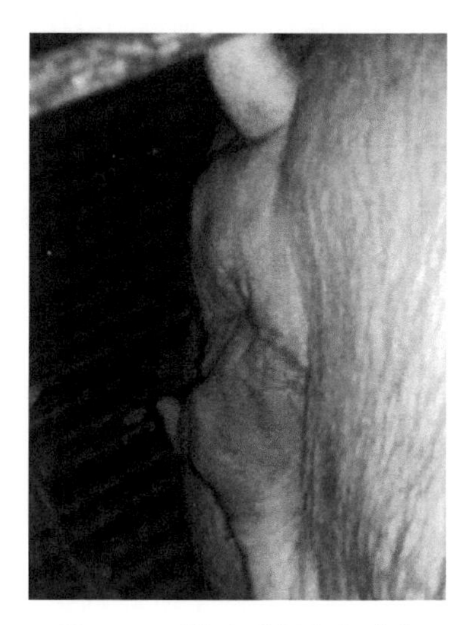

图 5-2　后海穴注射部位肿胀

二、认真观察猪只注苗后的反应

注苗后 5 分钟至 1 小时内要认真观察猪只注苗后的反应。如果猪免疫注射后 5 分钟至 1 小时内出现不安、流鼻液、淌口水、喘、咳、体温升高，甚至痉挛、死亡。要立即进行急救。

肌内或静脉注射肾上腺素（静脉注射时作 1∶100 稀释），每 50 千克猪体重 0.5~1 毫升，20~30 分钟后再注射 1 次（同样剂量）。也可用地塞米松，但要注意地塞米松这类皮质类药物属免疫抑制剂，会大大影响疫苗接种效果，注苗前使用过地塞米松会影响疫苗接种效果。妊娠猪不能用地塞米松，可能引起流产。

肌内或静脉注射抗组织胺类药物，如扑尔敏、异丙嗪，用量为每 50 千克猪体重 0.5~1 毫升，以降低体内组织胺含量。

三、适时监测抗体修正免疫程序

任何免疫程序不可能一成不变，无论何种疫苗免疫以后都需适时进行抗体监测，根据抗体监测结果修正免疫程序，这样才能使猪只一生都处于免疫保护期，从而有效地预防疫病的发生。

四、免疫接种操作规程

为提高免疫接种质量和充分发挥免疫接种对疾病的控制作用，确保各项免疫成功。猪场免疫接种应遵守下列规程。

1. 猪群免疫工作有专人负责

包括免疫程序的制定、疫苗的采购和贮存、免疫接种时工作人员的调配，根据免疫程序的要求，有条不紊地开展免疫接种工作。

2. 疫苗的采购

①根据疫苗的实际效果和抗体监测结果，以及场际间的沟通和了解，选择有批准文号的生产厂家。②防疫人员根据各类疫苗的库存量、使用量和疫苗的有效期等确定阶段购买量。一般提前 2 周，以 2~3 个月的用量为准。并注明生产厂家、出售单位、疫苗质量(活苗或死苗)。③采购员必须按要求购买，不得随意更改。购买时要了解疫苗生产日期、保质期限。尽量购买近期生产的，离有效期还有 2~3 个月的不要购买。④采购员要在上报 3 天之内将疫苗购回。

3. 疫苗的运输

①运输疫苗要使用放有冰袋的保温箱，做到“苗随冰行，苗到冰未溶”。途中避免阳光照射和高温。②疫苗如需长途运输，一定要将运输的要求交待清楚，约好接货时间和地点，接货人应提前到达，及时接货。③疫苗运输过程中时间越短越好，中途不得停留存放，应及时运往猪场放入冰箱，防止冷链中断。

4. 疫苗的保管

①保管员接到疫苗后要清点数量，逐瓶检查疫苗瓶有无破损，瓶盖有无松动，标签是否完整，并记录生产厂家、批准文号、检验号、生产日期、失效日期、药品的物理性状与说明书是否相符等，避免购入伪劣产品。②仔细查看说明书，严格按说明书的要求贮存。③定时清理冰箱的冰块和过期的疫苗，冰箱要保持清洁和存放有序。④如遇停电，应在停电前 1 天准备好冰袋，以备停电用，停电时尽

量少开箱门。

5. 疫苗使用前

①疫苗使用前要逐瓶检查疫苗瓶有无破损，封口是否严密，头份是否记载清楚，物理性状是否与说明书相符，以及有效期、生产厂家。②疫苗接种前应向兽医和饲养员了解猪群的健康状况，有病、体弱、食欲和体温异常的猪，暂时不能接种。不能接种的猪，要记录清楚，适当时机补种。③免疫接种前对注射器、针头、镊子等进行清洗和煮沸消毒，备足酒精棉球或碘酊棉球，准备好稀释液、记录本和肾上腺素等抗过敏药物。④接种疫苗前后，尽可能避免一些剧烈操作，如转群、采血等，防止猪群应激影响免疫效果。

第二节　猪繁殖与呼吸综合征

猪繁殖与呼吸综合征，又称“猪蓝耳病”，是由猪繁殖与呼吸综合征病毒引起猪的一种繁殖障碍和呼吸道炎症的传染病。猪繁殖与呼吸综合征可分为经典猪繁殖与呼吸综合征和高致病性繁殖与呼吸综合征。高致病性繁殖与呼吸综合征是由高致病性繁殖与呼吸综合征变异病毒引起的。

【临床症状】经典猪繁殖与呼吸综合征临床表现为病猪厌食、精神沉郁、低热，母猪流产、早产及产出死胎、木乃伊胎和仔猪出生后出现咳嗽、喘、呼吸困难等呼吸系统症状。肥育猪、公猪偶有发病，除表现上述呼吸系统症状外，公猪还可表现性欲缺乏和不同程度的精液质量降低，呈地方性流行。高致病性猪繁殖与呼吸综合征表现病猪体温升高，可达 41℃以上，病猪食欲不振、厌食甚至废绝，精神沉郁，喜卧，皮肤发红，部分猪濒死期末梢皮肤发红、发绀、发紫（耳部蓝紫），眼结膜炎、眼睑水肿，咳嗽、气喘呼吸道症状（图 5-3）。有的病猪表现后躯无力、共济失调等神经症状。仔猪、肥育猪和成年猪均可发病、死亡，仔猪发病率可达 100%，死亡率可达 50%以上，母猪流产率可达 30%以上（图 5-4）。

【诊断】高致病性繁殖与呼吸综合征的临床症状和病理变化与急

图 5-3　仔猪呼吸困难

图 5-4　病猪流产的死胎

性猪瘟的病征高度相似，需依靠实验室方法进行鉴别诊断。

猪繁殖与呼吸综合征的诊断目前主要用病毒分离鉴定，借助血清学试验检测猪繁殖与呼吸综合征抗原及其抗体，如免疫氧化物酶细胞单层测定、间接荧光抗体试验、中和试验、免疫酶技术等。可用于病毒鉴定的技术有单克隆抗体或多克隆抗体免疫荧光抗体技术和单层过氧化物酶试验、RT-PCR 技术以及电镜技术。

【防治】本病无特效药物疗法，目前主要在仔猪生长发育等对本病感染敏感阶段采取对症疗法及综合防治措施。

（1）严格全方位贯彻执行动物防疫法。

（2）建立稳定的种猪群，坚持自养自繁的原则。必需引种的情况，首先要搞清所引种场的疫情，还应进行血清学检测，阴性猪方可引入。引入后必需建立隔离区，做好监测工作，一般需隔离检疫3~4周，健康者方可混群饲养。

（3）建立健全规模化猪场的生物安全体系，实行封闭式管理，生产流程实现全进全出，特别是做到产房和保育阶段的全进全出。

（4）在科学管理的基础上做好饲养、环境控制、卫生防疫、检疫、隔离、消毒等工作。

（5）定期对猪群中猪繁殖与呼吸综合征病毒的感染状况进行监测，以了解该病在猪场的活动状况。一般而言，每季度监测1次，对各个阶段的猪群进行采样，用ELISA试剂盒进行抗体监测，如果4次监测抗体阳性率没有显著变化，则表明该病在猪场是稳定的。相反，如果在某一季度抗体阳性率有所升高，说明猪场在管理与卫生消毒方面存在问题，应加以改善。

（6）对发病猪场要严密封锁，对发病猪场周围的猪场也要采取一定的防范措施，避免疫病扩散。对流产的胎衣、死胎及死猪做好无害化处理，产房彻底消毒，隔离病猪，对症治疗，改善饲喂条件等。

第三节　猪瘟

猪瘟是由猪瘟病毒引起的猪的一种高度接触性病毒性传染病，主要特征是病猪高热、微血管变性而引起全身出血、坏死、梗死（图5-5）。猪瘟对猪危害极为严重，会造成养猪业重大损失。

【临床症状】本病发病率高、死亡率高。该传染病分为急性、亚急性、慢性、非典型或隐性型猪瘟。导致患病猪发热、厌食、腹泻、死亡等，并可能带有神经症状。母猪可能会流产或产下死猪。

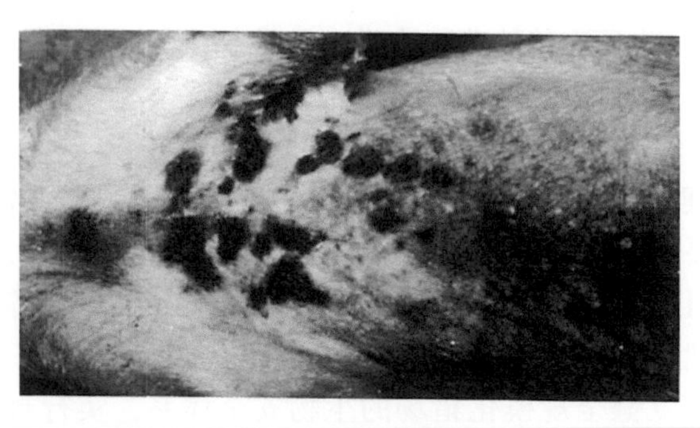

图 5-5 前胸出血

【诊断】根据临床症状、特征性病理变化，可以对猪瘟做出初步诊断，但应与高致病性繁殖与呼吸综合征、猪丹毒、猪副伤寒、猪肺疫、猪弓形虫病和链球菌病等高热及出血性疾病相鉴别。

猪瘟病毒直接免疫荧光抗体技术是检测猪瘟病毒的一种快速诊断方法，该方法是采取猪的扁桃体或者猪肾脏、脾脏等组织做冰冻切片或触片，经丙酮固定，荧光抗体染色，在荧光显微镜下观察，如果这些组织细胞内发现有亮绿色荧光，说明细胞内存在猪瘟病毒，即可确诊为猪瘟。此外还可采用动物接种试验、RT-PCR 等方法进行确诊。

【防治】临床上没有特效药，治疗以对症治疗和预防感染为主。该病以预防为主，可接种猪瘟弱毒疫苗，开展免疫监测，采用酶联免疫吸附试验或正向间接血凝试验等方法开展免疫抗体监测，确保免疫效果。及时淘汰隐性感染带毒种猪，坚持自繁自养、全进全出的饲养管理制度，并做好猪场、猪舍的隔离、卫生、消毒和杀虫工作，减少猪瘟病毒的侵入。

第四节 猪伪狂犬病

猪伪狂犬病是由猪伪狂犬病毒引起的猪的急性传染病。该病在猪群呈暴发性流行。使妊娠母猪流产、死胎，公猪不育，新生仔猪大量死亡，肥育猪呼吸困难、生长停滞等，是危害全球养猪业的重大传染病之一。

【临床症状】猪伪狂犬病的临床表现主要取决于感染病毒的毒力和感染量，以及被感染猪的年龄。幼龄猪感染伪狂犬病毒后病情最重。新生仔猪感染伪狂犬病毒会引起大量死亡，一般新生仔猪第1天表现正常，从第2日开始发病，3～5日内是死亡高峰期，有的整窝死光。同时，发病仔猪表现出昏睡、鸣叫、呕吐、拉稀以及明显的神经症状，一旦发病，1～2日内死亡（图5-6，图5-7）。

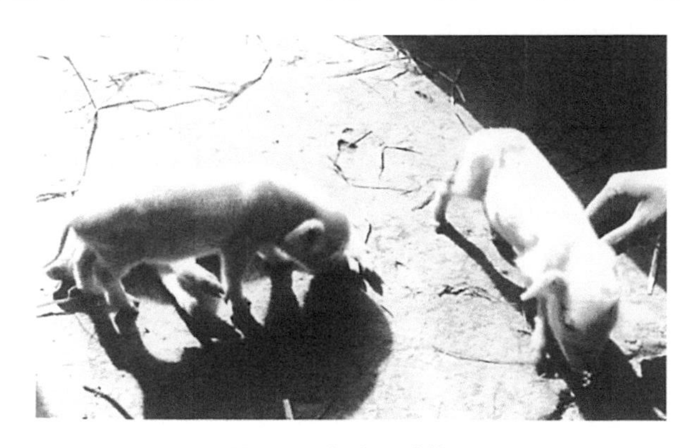

图5-6　新生仔猪转圈

15日龄以内的仔猪感染本病者，病情极严重，发病死亡率可达100%。仔猪突然发病，体温达41℃以上，出现精神极度委顿、发抖、运动不协调、痉挛、呕吐、腹泻现象，极少康复。断奶仔猪感染伪狂犬病毒，发病率在20%～40%，死亡率在10%～20%，主要表现为神经症状、拉稀、呕吐等。

成年猪一般为隐性感染，若有症状也很轻微，易于恢复。病猪主要表现为发热、精神沉郁，有些病猪呕吐、咳嗽，一般于4～8日内完全恢复。妊娠母猪可发生流产、产木乃伊胎或死胎，其中以死胎为主。无论是头胎母猪还是经产母猪都发病，而且没有严格的季节性，但以寒冷季节即冬末、春初多发。

伪狂犬病的另一发病特点是种猪不育症。近几年发现有的猪场春季暴发伪狂犬病，出现死胎或断奶仔猪患伪狂犬病后，紧接着下半年母猪配不上种，返情率高达 90%，有反复配种数次都屡配不上的。此外，公猪感染伪狂犬病毒后，表现为睾丸肿胀、萎缩，且丧失种用能力。

【诊断】根据临床症状、病理剖检可做出初步诊断，但在繁殖障碍上易与猪传染性乙型脑炎、猪细小病毒、猪繁殖与呼吸综合征等相混淆，确诊需进行实验室检测。

实验室常用检测方法有病毒分离鉴定、电镜检查、兔体接种试验、免疫荧光试验和 PCR 技术。

图 5-7　肺充血、水肿和有坏死点

【防治】疫苗免疫接种是预防和控制伪狂犬病的基本措施，以净化猪群为主要手段。第一，从种猪群净化，实行“小产房”“小保育”“低密度”“分阶段饲养”的饲养模式。加强猪群的日常管理。消灭猪场中的鼠类，对预防本病有重要意义。同时，还要严格控制犬、猫、鸟类和其他禽类进入猪场，严格控制人员来往，并做好消毒工作及血清学监测等，这样对本病的防制也可起到积极的推动作用。第二，对猪群采血做血清中和试验，阳性者隔离，以后淘汰。以 3~4 周为周期反复进行试验，直到 2 次试验全部阴性为止。第三，培育健康猪，母猪产仔断乳后，尽快分开，隔离饲养，每窝仔猪均须与其他窝仔猪隔离饲养。仔猪到 16 周龄时，做血清学检查（此时母源抗体转为阴性），所有阳性猪淘汰，30 日后再做血清学检查，把阴性猪合成较大群，最终建立新的无病猪群。

第五节　猪圆环病毒病

猪圆环病毒病是由猪圆环病毒Ⅱ型引起的一种猪的病毒性传染病。本病可导致猪群产生严重的免疫抑制，从而继发或并发其他传染病，主要表现断奶仔猪渐进性消瘦、体表淋巴结肿大、腹泻、黄疸、贫血、死亡等症状。

【临床症状】最常见的临床症状为病猪渐进性消瘦或生长迟缓(图 5-8，图 5-9)，这也是诊断该病所必需的临床依据，其他症状有厌食、精神沉郁、行动迟缓、被毛蓬乱、呼吸困难，以咳嗽为特征的呼吸障碍。较少发现的症状为腹泻和中枢神经系统紊乱。本病发病率一般很低，但病死率很高。在发病猪群可见到体表浅淋巴结肿大，肿胀的淋巴结有时可被触摸到，特别是腹股沟浅淋巴结，贫血和可视黏膜黄疸。病猪胃溃疡、嗜睡、中枢神经系统障碍和突然死亡较为少见。

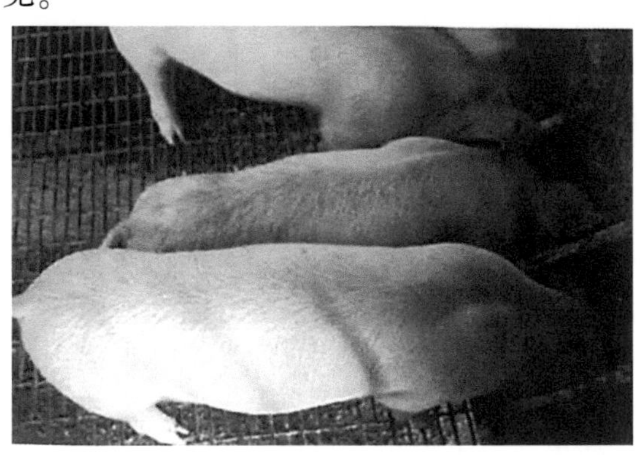

图 5-8　衰弱（中间为病猪，两边为同窝正常猪）

【诊断】本病的诊断必须将临床症状、病理剖检和实验室的病原或抗体检测相结合才能得到可靠的结论。最可靠的方法为病毒分离与鉴定。常用的检测方法有间接免疫荧光法、免疫过氧化物单层培养法、ELISA 方法、聚合酶链式反应方法、核酸探针杂交及原位杂交试验等。

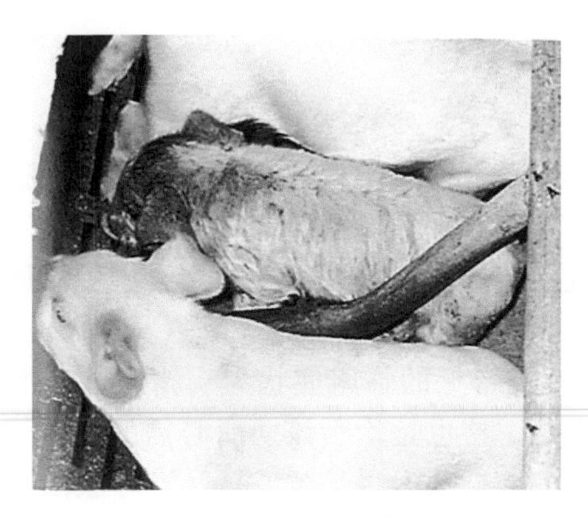

图 5-9 弱小，皮肤感染

【防治】目前还没有治疗猪圆环病毒的特效药物。治疗时采用综合疗法，坚持标本兼治、抗病毒和抗菌结合、中药与西药结合的原则。平时只能依靠生物安全措施，检疫、隔离，防止其他动物（鼠和野鸟等）接近猪场，全进全出。发病猪场要采取降低饲养密度，实行全进全出的饲养制度，禁止不同来源及不同年龄段猪混养，减少环境应激因素的发生，控制并发感染等措施。

第六节 猪流行性腹泻

猪流行性腹泻是由猪流行性腹泻病毒引起猪的一种接触性肠道传染病，其特征为病猪呕吐、腹泻、脱水。临床变化和症状与猪传染性胃肠炎极为相似。在我国多发生在每年 12 月至翌年 1—2 月，夏季也有发病的报道。可发生于任何年龄的猪，年龄越小，症状越重，死亡率高。

【临床症状】本病潜伏期一般为 5~8 日，人工感染潜伏期为 8~24 小时。病猪主要的临床症状为水样腹泻（图 5-10），或者在腹泻之间有呕吐。呕吐多发生于吃食或吃奶后（图 5-11）。症状的轻重随年龄的大小而有差异，年龄越小，症状越重。一周龄内新生仔猪发生腹泻后 3~4 日，呈现严重脱水而死亡，死亡率可达 50%，死亡率最高达 100%。病猪体温正常或稍高，精神沉郁，食欲减退或废绝。断奶猪、母猪常呈精神委顿、厌食和持续性腹泻大约 1 周，并逐渐恢复正常。少数猪恢复后生长发育不良。肥育猪在同圈饲养感染后都发生腹泻，1 周后康复，死亡率 1%～3%。成年猪症状较轻，有的仅表现呕吐，重者水样腹泻 3~4 日可自愈。

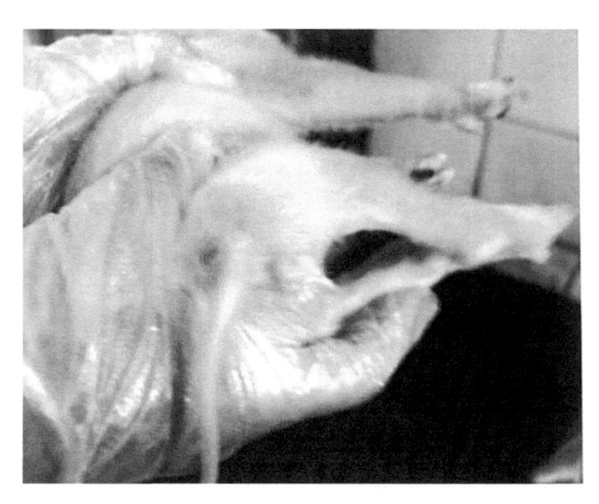

图 5-10　严重腹泻

图 5-11　仔猪呕吐

【诊断】本病在流行病学和临床症状方面与猪传染性胃肠炎无显著差别，只是病死率比猪传染性胃肠炎稍低，在猪群中传播的速度也较缓慢些，进一步确诊需依靠实验室诊断。目前，常用的实验室检查方法有病毒的分离鉴定、微量血清中和试验、免疫电镜、免疫荧光、ELISA、RT-PCR 等。

【防治】

（1）加强营养，抑制霉菌毒素中毒，可以在饲料中添加一定比例的脱霉剂，同时加入维生素。

（2）提高温度，特别是配怀舍、产房、保育舍。配怀舍大环境温度不低于 15℃；产房产前第 1 周为 23℃，分娩第 1 周为 25℃，以后每周降 2℃；保育舍第 1 周 28℃，以后每周降 2℃，至 22℃止；产房小环境温度用红外灯和电热板，第 1 周为 32℃，以后每周降 2℃。猪的饮水温度不低于 20℃。将产前 2 周以上的母猪赶入产房，产房提前加温。

（3）定期做猪场保健，全场猪群每月一周同步保健，控制细菌性疾病的滋生。母猪分娩后的 3 天保健和对仔猪的 3 针保健，可选用高热金针注射液，母猪产仔当天注射 10～20 毫升/头，若有感染者，产后 3 天再注射 10～20 毫升/头。仔猪 3 针保健即出生后的 3 日、7 日、21 日，分别肌内注射 0.5 毫升、0.5 毫升、1 毫升。种猪群紧急接种胃流二联苗或胃流三联苗。病猪发生呕吐、腹泻后立即封锁发病区和产房，尽量做到全部封锁。扑杀 10 日龄之内呕吐且水样腹泻的仔猪，这是切断传染源、保护易感猪群的做法。

第七节 猪传染性胃肠炎

猪传染性胃肠炎又称幼猪的胃肠炎，是由猪传染性胃肠炎病毒引起猪的一种高度接触性消化道传染病。以呕吐、严重腹泻、脱水、致两周龄内仔猪高死亡率为特征的病毒性传染病。

【临床症状】一般 2 周龄以内的仔猪感染后 12～24 小时会出现呕吐现象，继而出现严重的水样或糊状腹泻，粪便呈黄色，常夹有未消化的凝乳块，恶臭味，体重迅速下降，仔猪明显脱水（图 5-12，图 5-13），发病 2~7 日死亡，死亡率达 100%；在 2~3 周龄的仔猪，死亡率小于 10%。断乳猪感染后 2~4 日发病，表现水样腹泻，呈喷射状，粪便呈灰色或褐色，个别病猪呕吐，在 5~8 日后腹泻停止，极少死亡，但体重下降，常表现发育不良，成为僵猪。有些母猪与患病仔猪密切接触反复感染，症状较重，体温升高，泌乳停止，呕吐、食欲不振和腹泻，也有些哺乳母猪不表现临诊症状。

图 5-12　仔猪体表污秽、沾满粪便，仔猪排黄白色稀便、腥臭味

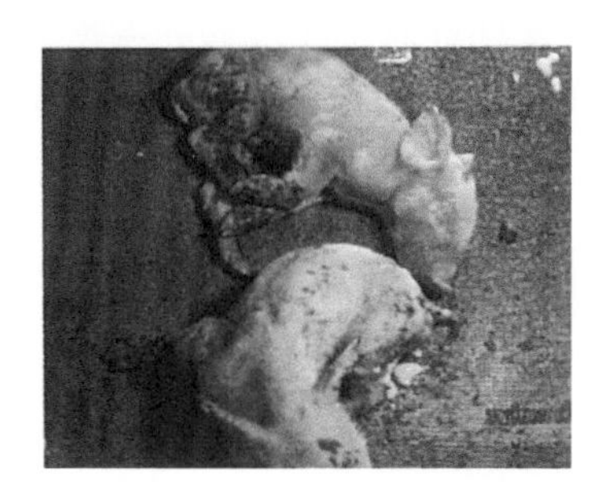

图 5-13　仔猪脱水、消瘦

【诊断】根据流行病学、临床症状和病理剖检可做出初步诊断，但其与流行性腹泻病极为相似，通过流行病学和临床症状无法区分，确诊需要进一步做实验室诊断。免疫荧光法是猪传染性胃肠炎病毒最简便和最常用的实验室诊断方法，此外还可以选用病毒分离和鉴定、抗原检测、电镜检测、血清学检测和核酸检测等实验室诊断方法。

【防治】平时注意不从疫区或病猪场引进猪只，以免传入本病。当猪群发生本病时，应即隔离病猪，用消毒药对猪舍、环境、用具、运输工具等进行消毒，尚未发病的猪应立即隔离到安全地方饲养。

第八节　猪轮状病毒病

猪轮状病毒病是由猪轮状病毒引起的猪急性肠道传染病，主要症状为厌食、呕吐、下痢，中猪和大猪为隐性感染，没有症状。病原体除猪轮状病毒外，从小孩、犊牛、羔羊、马驹分离的轮状病毒也可感染仔猪引起不同程度的症状。

【临床症状】本病潜伏期一般为 12～24 小时。常呈地方性流行。病初仔猪精神沉郁，食欲不振，不愿走动，有些吃奶后发生呕吐，继而腹泻，粪便呈黄色、灰色或黑色，为水样或糊状（图 5-14，图 5-15）。症状的轻重决定于发病的日龄、免疫状态和环境条件，缺乏母源抗体保护的刚出生后几日的仔猪症状最重。在环境温度下降或继发大肠杆菌病时，常使症状加重，病死率增高。通常 10～21 日龄仔猪的症状较轻，腹泻数日即可康复，3～8 周龄仔猪症状更轻，成年猪为隐性感染。

图 5-14　排出的黄色腥臭粪便

【诊断】根据临床症状和病理剖检，可做出初步诊断。但是引起

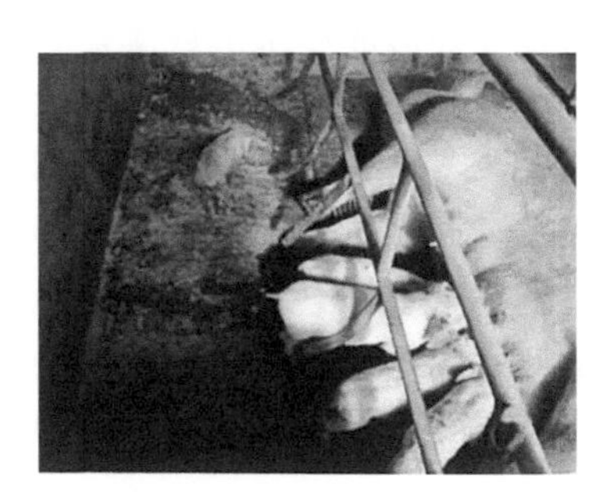

图 5-15　地面上有灰绿色粪便、仔猪脱水消瘦

腹泻的原因很多，在自然病例中，往往发现有轮状病毒与冠状病毒或大肠杆菌的混合感染，使诊断复杂化。因此，必须通过实验室检查才能确诊。用于猪轮状病毒病的实验室检测的方法，一般可采用直接电镜法、ELISA 双抗体夹心法、直接免疫荧光法核酸电泳检验技术、细胞培养病毒分离法和易感动物接种试验等。

【防治】加强饲养管理，认真执行一般的兽医防疫措施，增强猪群抵抗力。在流行地区，可用轮状毒油佐剂灭活苗或猪轮状病毒弱毒双价苗对母猪或仔猪进行预防注射。油佐剂苗于妊娠母猪临产前 30 日，肌内注射 2 毫升；仔猪于 7 日龄和 21 日龄各注射 1 次，注射部位在后海穴（尾根和肛门之间凹窝处）皮下，每次每头注射 0.5 毫升弱毒苗于临产前 5 周和 2 周分别肌内注射 1 次，每次每头 1 毫升。同时要使新生仔猪早吃初乳，接受母源抗体的保护，以减少发病和减弱病症。

第九节　猪口蹄疫

猪口蹄疫是由口蹄疫病毒引起的急性、热性和极易接触性传播的传染病，猪被感染发病后，以高热和口腔黏膜、鼻镜、蹄部、乳房皮肤发生水疱和溃烂为特征。

【临应症状】本病的潜伏期在 2 日左右，很快蔓延致全群，体温升高（40～41℃），病猪精神不振，食欲减少或废绝。口腔黏膜、舌、唇、齿龈及颊黏膜等处形成小水疱或糜烂。蹄冠、蹄叉等部位红肿、疼痛、跛行，不久便形成米粒大或蚕豆大的水疱，水疱破溃后表现出血，形成糜烂（图 5-16，图 5-17），最后形成痂皮，硬痂脱落后愈合。乳猪常因该病导致的急性胃肠炎和心肌炎而突然死亡。乳猪发病时除发热外基本看不到其他症状。在乳房上也常见水疱性病变。本病在成年猪为良性经过，如无继发感染，约经过 1 周即可痊愈。但继发感染后，病猪出现化脓、坏死，严重时蹄甲脱落。

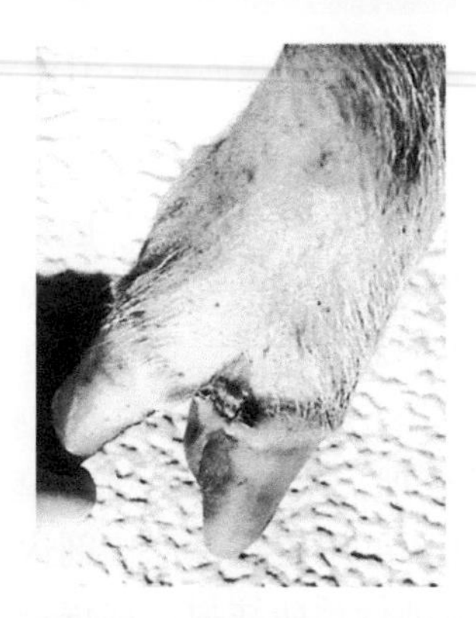

图 5-16　蹄叉部水疱破溃

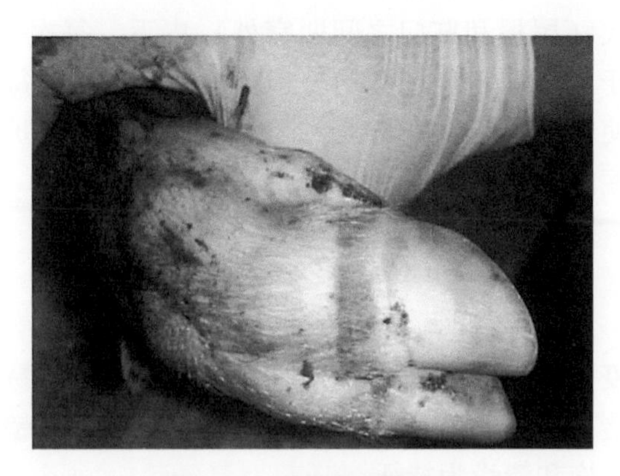

图 5-17　蹄冠部皮肤充血

【诊断】根据口、鼻、蹄、乳头等部位出现水疱等临床症状可以做出初步诊断，典型病例剖检时可见“虎斑心”和胃肠炎病变，确诊采集水疱液和水疱皮进行实验室诊断。实验室检测可采取水疱液或水疱皮进行病毒分离鉴定、补体结合试验、病毒中和试验、反向间接血凝试验、RT-PCR 以及间接夹心 ELISA 等方法检测。

【防治】防治措施主要有：不从疫区购进动物及其产品、饲料和生物制品；在猪场内实行严格封闭式生产，制定和执行各项防疫制度，严格控制外来人员和外来车辆入场；定期进行灭鼠、灭蝇及灭虫工作；加强场内环境的消毒和净化工作，防止外源病原侵入本场；根据本场的实际情况，依据定期的血清学监测结果，制定口蹄疫科学、合理的免疫程序，确保猪群免疫效果。

第十节　猪流行性感冒

猪流行性感冒是由甲型流感病毒（A 型流感病毒）引起的猪的一种急性、传染性呼吸器官疾病。其特征为突发，咳嗽，呼吸困难，发热及迅速转归。通常暴发于猪之间，本病传染性很高但通常不会引发死亡。

【临床症状】该病的发病率高，潜伏期为 2～7 日，病程 1 周左右。病猪发病初期突然发热（40～41. 5℃），精神不振，食欲减退或废绝，肌肉疼痛，常横卧在一起，不愿活动（图 5-18），眼、鼻流出黏液，眼结膜充血，个别病猪呼吸困难，气喘，咳嗽，呈腹式呼吸，有犬坐姿势，夜里可听到病猪哮喘声，个别病猪关节疼痛，尤其是膘情较好的猪发病较严重。如果在发病期治疗不及时，则易并发支气管炎、肺炎和胸膜炎等，提高了猪的病死率。该病也常继发猪副嗜血杆菌病。

【诊断】根据流行病史、发病情况、临床症状和病理剖检，可初步诊断。猪流感在临诊上常常表现不典型，更因为并发或继发感染存在而使其临诊症状变得复杂。因此，实验室诊断和检测流感病毒是十分必要的。实验室检测可采取病原分离与鉴定，采用血凝抑制

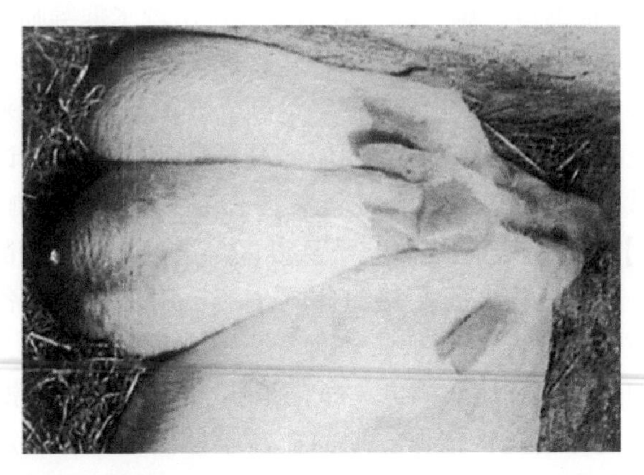

图 5-18　病猪精神沉郁，厌食，常堆挤在一处，不愿走动

试验检测猪血清抗体，RT-PCR 直接检测样本中的猪流感病毒。

【防治】本病无有效疫苗和特效疗法，重要的是良好的护理及保持猪舍清洁、干燥、温暖、无“贼风”袭击。供给充足的清洁饮水，病猪康复初期，饲料要限制供给。在发病中不得骚扰或移动病猪，以减少应激死亡。

第十一节　猪细小病毒病

猪细小病毒病是由猪细小病毒引起的一种猪繁殖障碍病，该病主要表现为胚胎和胎儿的感染和死亡，特别是初产母猪发生死胎、畸形胎和木乃伊胎，但母猪本身无明显的症状。

【临床症状】猪群暴发此病时常与木乃伊胎、窝仔数减少、母猪难产和重复配种等临床表现有关。在妊娠早期 30~50 日感染，胚胎死亡或被吸收，使母猪不孕和不规则地反复发情。妊娠中期 50~60 日感染，胎儿死亡之后，形成木乃伊胎（图 5-19，图 5-20）。妊娠后期 60~70 日以上的胎儿有自免疫能力，能够抵抗病毒感染，则大多数胎儿能存活下来，但会长期带毒。

【诊断】根据流行病学、临床症状和病理剖检可做出初步诊断，确诊需进一步做实验室诊断。实验室检测可选取病原分离及鉴定，

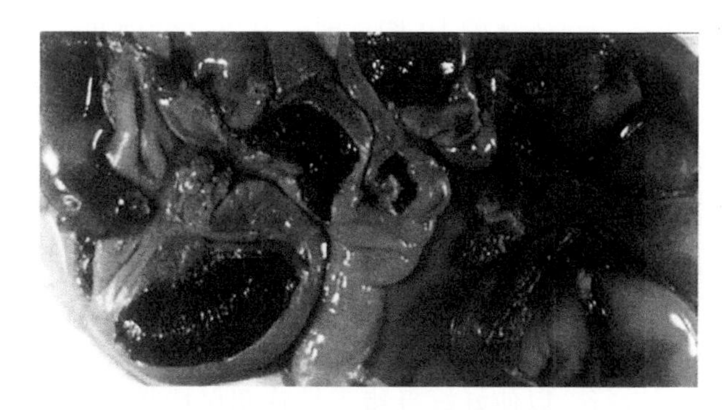

图 5-19　子宫中的死亡胎儿和木乃伊胎儿

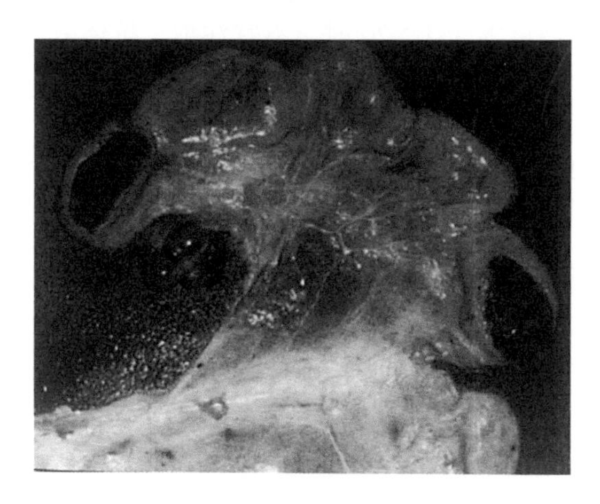

图 5-20　子宫中的木乃伊胎儿

取小于 70 日龄的流产胎儿、死胎的脑、肺、肾脏等病料送检，做细胞培养和鉴定、血凝试验或荧光抗体检查。此外还可选用血凝抑制试验、中和试验、ELISA、琼脂扩散试验等方法诊断。

【防治】

(1) 综合性防治措施　细小病毒对外界环境的抵抗力很强，要使一个无感染的猪场保持下去，必须采取严格的卫生措施，尽量坚持自繁自养，如需要引进种猪，必须从无细小病毒感染的猪场引进。当 HI 滴度在 1：256 以下或阴性时，方准许引进。引进的猪只严格隔离2周以上，当再次检测HI阴性时，方可混群饲养。发病猪场，应特别防止小母猪在第1胎采食时被感染，可把其配种期拖延至9月龄时，此时母源抗体已消失（母源抗体可持续平均21周），通过人工主动免疫使其产生免疫力后再配种。

（2）疫苗预防　公认使用疫苗是预防猪细小病毒病、提高母猪抗病力和繁殖率的有效方法，已有10多个国家研制出了细小病毒疫苗。疫苗包括活苗与灭活苗。活苗产生的抗体滴度高，而且维持时间较长，而灭活苗的免疫期比较短，一般只有半年。疫苗注射可选在配种前几周进行，以使妊娠母猪于易感期保持坚强的免疫力。为防止母源抗体的干扰可采用两次注射法或通过测定HI滴度以确定免疫时间，抗体滴度大于1：20时，不宜注射，抗体效价高于1：80时，即可抵抗细小病毒的感染。在生产上为了给母猪提供坚强的免疫力，最好猪每次配种前都进行免疫，可以通过用灭活油乳剂苗两次注射，以避开体内已存在的被动免疫力的干扰。将猪在断奶时从污染群移到没有细小病毒污染地方进行隔离饲养，也有助于本病的净化。引种时要严格检疫，做好隔离饲养管理工作，对病死尸体及污物、场地，要严格消毒，做好无害化处理工作。

第十二节　猪大肠杆菌病

（一）仔猪黄痢

大肠杆菌病是多种动物和人的共患传染病。仔猪黄痢是大肠杆菌病的一种，也称为新生仔猪腹泻，是由致病性大肠杆菌引起的初生仔猪的一种急性、高度致死性的传染病。

【临床症状】临床上以病猪剧烈水泻、迅速死亡为特征。仔猪出生时尚健康，然后突然出现严重剧烈的拉稀症状。常表现为窝发，第1头猪出现拉稀症状后，1~2日内便传至全窝。粪便呈黄色水样，顺着肛门流出，严重污染小猪的后躯及全身（图5-21，图5-22）。病猪表现严重口渴、脱水，但无呕吐现象，此点区别于传染性胃肠炎和流行性腹泻。最后病猪昏迷、死亡，死亡率很高。

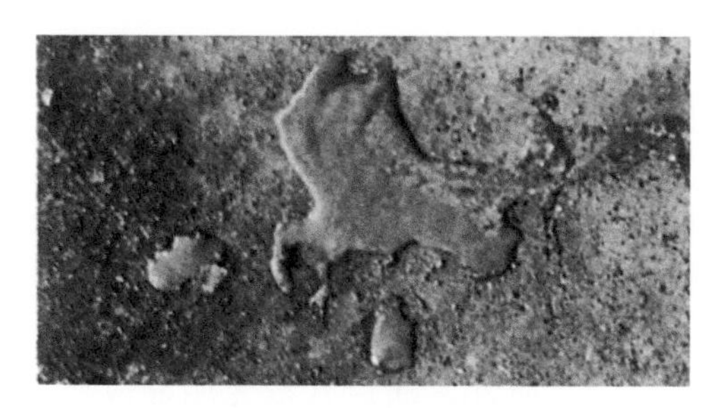

图 5-21　黄色稀便

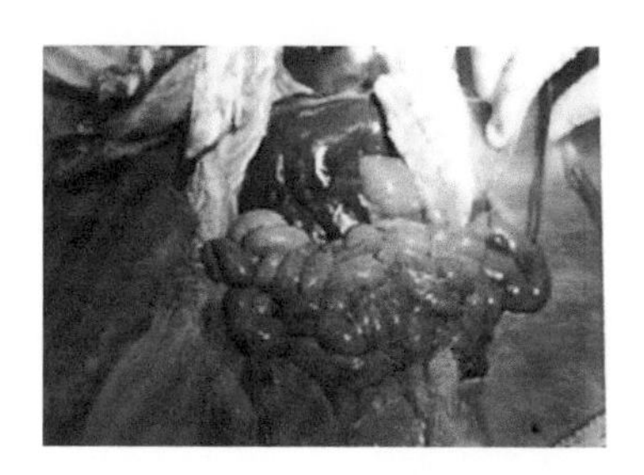

图 5-22　肠腔膨胀，腔内充满黄色液体及气体

【诊断】根据发病年龄、临床症状以及发病率和死亡率可以初步诊断该病。实验室诊断用病变部位的小肠做涂片可发现致病性的大肠杆菌，经培养后可进行分离、鉴定。也可以将大肠杆菌的纯培养物给初生仔猪接种，出现典型的下痢症状，以此来确定该病。本病注意与传染性胃肠炎、流行性腹泻、仔猪白痢、仔猪红痢、仔猪球虫病及轮状病毒性腹泻等疾病相鉴别。鉴别主要依据为病原学诊断结果。

【防治】给产前的母猪接种大肠杆菌菌苗，或给初生仔猪便用拜有利等抗生素，可以预防本病。该病原对抗菌药物敏感，但易产生抗药性或耐药性，临床上应进行轮换用药或交叉用药。如条件允许可先进行药敏试验，然后决定用药的种类。一旦发生该病后，多数来不及治疗便告死亡。

（二）仔猪白痢

仔猪白痢也是猪大肠杆菌病的一种，是由致病性大肠杆菌引起的、以10~30日龄仔猪多发的一种急性猪肠道传染病。以排出腥臭的、灰白色黏稠稀粪为特征。本病的发病率较高（约50%），但死亡率较低（约20%）。

【临床症状】病猪排灰白或灰褐色、腥臭、浆状或水样稀便（图5-23，图5-24）。通常发病后食欲无明显改变，饮水量增加。一般病程在1周左右，多数病猪能康复，但病愈后的猪多数成为僵猪。

图5-23 病猪排出灰白或灰褐色、腥臭、浆状或水样粪便

图5-24 仔猪白痢

【诊断】根据病猪发病日龄、流行情况及临床症状可以做出初步临床诊断。如有必要可进行实验室确诊。取病猪小肠黏膜或肠内容物进行涂片、镜检，可发现大量典型的致病性大肠杆菌。培养病料，进行病原菌的分离、鉴定，可鉴定出病原菌的血清型和种属，便可确诊。但要注意健康带菌现象。

【防治】对妊娠的后备母猪和经产母猪进行大肠杆菌病菌苗的接种，程序按说明书进行。产房、保育舍的卫生状况、保暖措施和干燥程度对预防本病特别重要。要使新生仔猪吃到足量的、免疫状态良好的母猪的初乳。

（三）仔猪水肿病

仔猪水肿病是由大肠杆菌所产生的毒素引起的一种大肠杆菌肠毒血症。其特征为断奶后的健壮仔猪突然发病，共济失调，局部或全身麻痹，面部、胃壁和其他某些部位发生水肿，突然死亡。

【临床症状】发病年龄多为4~12周龄仔猪，多数发生在断奶后的1~2周。少数病猪于发现患病时已经死亡。本病多发生于体况健壮、生长发育良好的仔猪。病初病猪出现腹泻或便秘，1或2日后，病程突然加快或死亡。脸部、眼睑、结膜等部位出现水肿（图5-25）是本病的特征症状。病猪有明显的神经症状（图5-26），如共济失调，转圈、抽搐以及四肢麻痹等，最后死亡。多数病猪体温正常，但食欲减退或拒食。病程一般为1~2日，多数病猪在发病24小时内死亡。

图5-25　颜面、眼睑及结膜等部位水肿

图5-26　病猪出现神经症状

【诊断】断奶后1~2周发育良好的仔猪突然死亡；面部、胃壁及大肠系膜水肿，此时可初步怀疑本病。实验室检测时，从小肠和结肠分离出大肠杆菌，做纯培养进行分离、鉴定，同时分离肠毒素。

【预防】

在断奶仔猪的饲养管理上尽量减少应激刺激。断奶时避免突然过多地给仔猪饲喂固体饲料。开始时宜限制小猪的采食量，在2~3周后渐渐加量，直至过渡到自由采食。用大肠杆菌菌苗接种临产母猪以及给初生仔猪口服该菌苗对本病有良好预防效果。

【治疗】

(1) 口服。硫酸新霉素+氟喹诺酮类、硫酸黏杆菌素+氟喹诺酮类、阿莫西林/克拉维酸+氟喹诺酮类药物等有较好的防治效果。

(2) 注射。农大强力水肿消、庆大霉素+地噻咪松、庆大霉素+维生素 E 硒酸钠、阿莫西林+地噻咪松（或亚硒钠维生素 E 合剂）、安特、福可得、科星、协和、痢立康或痢卡星等。

第十三节 仔猪红痢

仔猪红痢，又称仔猪梭菌性肠炎、仔猪传染性坏死性肠炎。本病是由 C 型魏氏梭菌（C 型产气荚膜梭菌）引起的，1 周龄仔猪发生高度致死性的肠毒血症。以血性下痢，病程不长，致死率较高，空肠和回肠呈弥漫性出血和坏死为特征（图 5-27，图 5-28）。

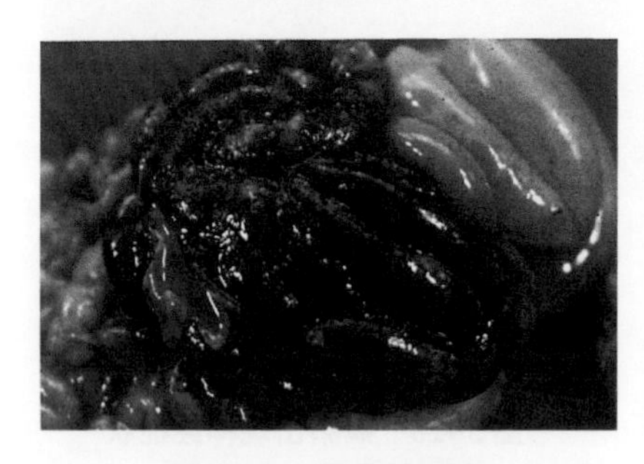

图 5-27 出血性肠炎

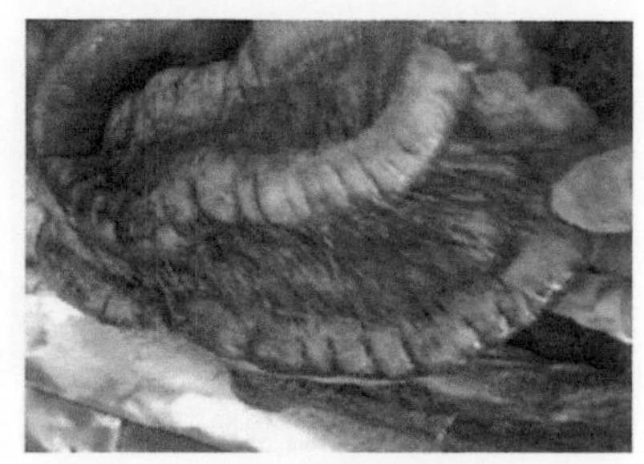

图 5-28 出血性肠炎

【临床症状】

(1) 急性病例 出生不久的仔猪突然排出红褐色血性粪便。发病后死亡很快，往往来不及治疗就已经死亡。病猪多在发病后 1～3 日内死亡。

(2) 慢性病例 病猪排出粥样的、颜色深浅不等的稀粪。病程多在 1 周左右。该型病猪死亡率比急性病例低，耐过不死的病猪表现为明显消瘦及生长停滞，最后变成僵猪，最后多以死亡告终。

【诊断】根据临床症状，加上尸体剖检时发现小肠前段严重的出血、黏膜坏死及浆膜下有小气泡情况，可以做出临床诊断。必要时可用细菌分离、鉴定的方法及肠毒素试验的方法进行确诊。

【防治】

本病预防最重要。实施环境消毒，特别是对产房进行严格的卫生消毒可减少本病的发生。用仔猪红痢菌苗，给产前 1 个月至半个月的母猪进行接种，可有效预防本病。对于常发病的猪场可用抗生素给新生仔猪投服，预防本病。

发病后常来不及治疗，因此治疗本病没有意义。

第十四节 猪密螺旋体痢疾

本病是由致病性蛇形螺旋体引起的猪的肠道传染病，又叫猪血痢。本病可引起猪大肠黏膜发生卡他性、出血性病变，有的发展成为坏死性肠炎。病猪一般表现为精神萎靡、食欲减退，下痢或排出水样带血的粪便，体温稍高。在疾病暴发初期，可能有突发死亡的情况。

【临床症状】腹泻是本病最常见的症状，外观为带血的水样下痢和黏液，呈黄色或灰色。该病常常逐渐传播到整个猪群，且每日都可能有新的感染病例出现。病程长短差异较大，表现为急性、亚急性和慢性经过。

【诊断】主要诊断依据包括发病史、临床症状、眼观病变、显微病变和病原体的分离与鉴定。病程时长时短，病情时重时轻。发病情况常表现为一个猪群引入新猪（可能为带菌猪）后，常暴发该病，突然的应激也可使原来接触过病原的猪群突然暴发本病。

尸检可获得进一步诊断证据。病变主要限于大肠，肠壁充血、出血及水肿，滤泡增大，呈白色颗粒状。肠腔中有黏稠的纤维蛋白性渗出物和游离血液，是剖检病变的特征（图 5-29）。

典型的显微病变是黏膜水肿和浅表性糜烂的纤维素性肠炎，其他器官未见明显变化，可作为初诊的依据。猪痢疾的确诊需要从结肠黏膜或粪便中分离和鉴定出病原体。

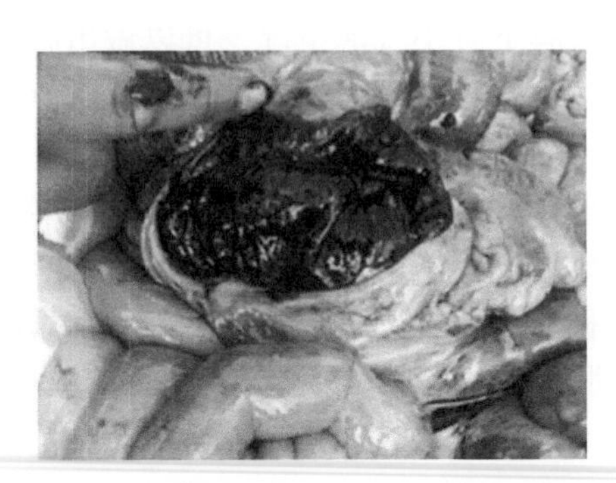

图 5-29 大肠内容物含有大量黏稠血液

另外，还可将急性病例的粪便涂片、染色，或进行暗视野镜检，可见蛇形螺旋体，3~5 条/视野。

【防治】防止猪痢疾发生的一般原则：建立环境温度高于 15℃的温暖猪舍；尽可能减少猪群内带菌猪的数量；如果一批刚出生的小猪发病，则应在断奶之后消灭本病；制定并实施有效的控制鼠类的措施，包括建筑物的修缮等；猪舍内不应有坑洼积水现象；对任何没有养猪的房屋都应定期清扫、消毒；定期给所有的猪连续用药 1 周预防本病，有效地消灭猪肠道中的该病原；给药 1 周后，所有猪接触的饲料和粪便的设备、工具均应进行清洁消毒；在投药期内，对建筑物的地面也应经常清扫和消毒。

第十五节 猪支原体病（猪气喘病）

该病亦称为猪支原体肺炎或猪地方流行性肺炎，是由猪肺支原体引起的猪的慢性、接触性传染病，本病在猪群中可长期存在，形成地方性流行。病猪长期生长发育不良，饲料转化率低。本病在一般情况下表现为感染率高，死亡率低。但在流行的初期以及饲养管理不良时，常引起继发性感染，也会造成较高的死亡率。种母猪被感染后也可传给后代，导致后代不能作种用。

【临床症状】间歇性咳嗽（干咳）和喘气为本病的主要特征。病猪呼吸加快，呈腹式呼吸，呼吸次数剧增，可达 60~120 次/分钟

（图 5-30）。一般体温、精神、食欲、体态未见明显异常表现。严重时，病猪食欲减少或废绝。猪患病后生长发育受阻，致使猪群个体大小不均，影响出栏率。病程进展缓慢，常可持续 2～3 个月以上。该病通常死亡率不高，但是，当出现继发感染或混合感染时死亡率较高，肺炎是促使喘气病猪死亡率增高的主要原因。

图 5-30　有不同程度的呼吸困难，腹式呼吸明显

【诊断】当大群生长肥育猪出现阵发性干咳、喘气、生长阻滞或延缓的现象，且死亡率很低时即可怀疑本病。

另外，特殊的诊断方法有：对病原支原体（霉形体）进行分离鉴定；用间接血凝试验方法检测抗体；用 X 光透视或血清间接血凝法诊断。

【治疗】

（1）用土霉素碱油剂按每千克体重 40 毫克剂量注射，即把土霉素碱 25 克，加入花生油 100 毫升，鸡蛋清 5 毫升，均匀混合，在颈、背两侧深部肌肉分点轮流注射。仔猪 2 毫升，中猪 5 毫升，大猪 8 毫升。每隔 3 日 1 次，5 次为 1 个疗程，重病猪可进行 2～3 个疗程，同时并用氨茶碱 0.5～1 克肌内注射，有较好疗效。

（2）用林可霉素按每千克体重 4 万单位肌内注射，每日 2 次，连续 5 日为 1 个疗程，必要时进行 2～3 个疗程。也可用泰妙灵（泰乐菌素）15 毫克/千克体重，连续注射 3 日，有良好的效果。

（3）由于蛔虫幼虫经肺移行和肺线虫都会加重本病病情，所以配合药物驱虫对控制本病的发展有一定意义。沙星类（百服宁等）+大环内酯类（必可生+泰乐菌素等），全群投药3~5日，重症时可用庆普生、喘康、协和、福易得、福可兴、新强米先或呼吸康等药物注射；林可霉素类（禽可安等）+氟喹诺酮类（必可生、环丙沙星、百服宁等），投药3~5日；使用拜有利等沙星类、大环类脂类（泰乐菌素等）、土霉素类、氨基糖苷类（庆大霉素、链霉素、卡那或丁胺卡那、壮观霉素）、林可霉素类等抗生素进行肌内注射，对治疗本病有效。

第十六节　猪副嗜血杆菌病

猪副嗜血杆菌病是由猪副嗜血杆菌引起的一种细菌性传染病，又称多发性纤维素性浆膜炎和关节炎、格拉泽氏病。主要引起多发性浆膜炎和关节炎。本病病原菌在环境中普遍存在，世界各地都有本菌存在，甚至在健康的猪群当中也能发现本菌。对于无特定病原菌猪，或实施药物早期断奶等没有受到猪副嗜血杆菌污染的猪群，初次感染了这种细菌后病情相当严重。

【临床症状】被猪副嗜血杆菌感染的猪，主要为从2周至4月龄的青年猪，在断奶前后和保育阶段发病，通常以5~8周龄的猪发病率高，一般在10%~15%，严重时死亡率在50%左右。

急性病例往往首先发生在膘情良好的猪只上，病猪发热（40.5~42.0℃）、精神沉郁、食欲下降、呼吸困难、腹式呼吸、皮肤发红或苍白、耳梢发紫、眼睑皮下水肿、行走缓慢或不愿站立、腕关节肿大、跗关节肿大、皮肤及黏膜发绀（图5-31）、站立困难甚至瘫痪、僵猪或死亡，病猪临死前侧卧或四肢呈划水样。尸体体表发紫，肚子大，有大量黄色腹水（图5-32）。母猪流产，公猪跛行。哺乳母猪的跛行可能导致带仔性能的极端弱化。

慢性病例多见于保育猪，病猪主要的临床表现为食欲下降、咳嗽、呼吸困难、被毛粗乱、四肢无力或跛行、生长不良，直至因衰

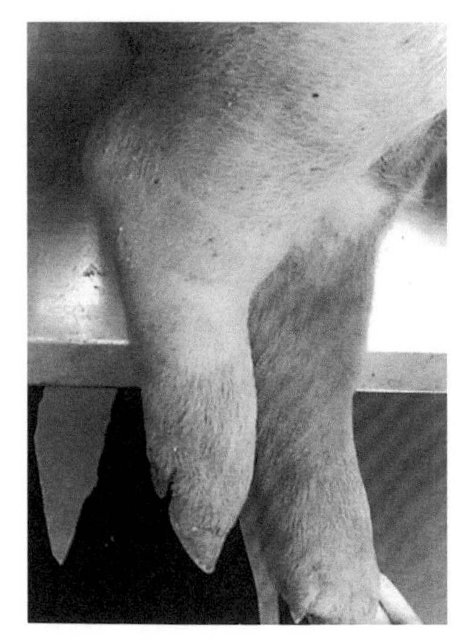

图 5-31　关节肿胀，皮肤呈紫红色

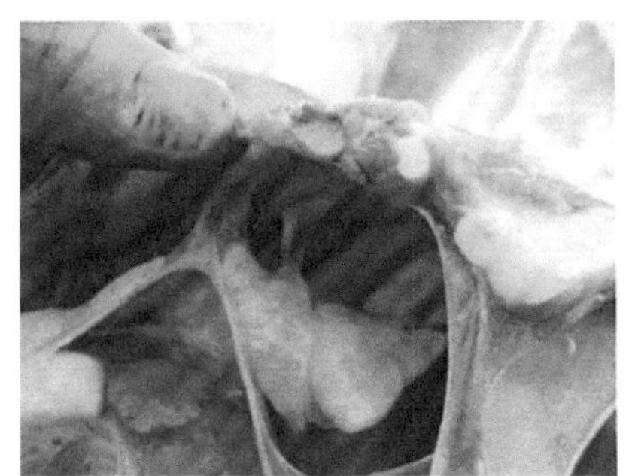

图 5-32　肺与胸腔粘连

竭而死亡。

【防治】

（1）隔离病猪，用大剂量的抗生素进行治疗，用抗生素拌料进行全群性药物预防。为控制本病的发生、发展和防止耐药菌株的出现，在用药前应进行药敏试验，科学使用抗生素。

（2）可使用硫酸卡那霉素注射液进行肌内注射，每次 20 毫克/千克体重，每日 1 次，连用 5~7 日。或给大群猪口服土霉素原粉，30 毫克/千克体重，每日 1 次，连用 5~7 日。

（3）抗生素饮水对病情严重的情况可能无效。一旦出现临床症状，应立即采取抗生素拌料的方式对整个猪群进行治疗，并对发病猪大剂量肌注抗生素。大多数血清型的猪副嗜血杆菌对头孢菌素、甲砜霉素、庆大霉素、大观霉素、磺胺及喹诺酮类等药物敏感，对四环素、氨基糖苷类和林可霉素有一定抵抗力。

第十七节　猪传染性胸膜肺炎

该病是由胸膜肺炎放线杆菌、胸膜肺炎嗜血杆菌引起的一种猪呼吸道传染病。临床上主要表现为典型的急性纤维素性胸膜肺炎或慢性局灶性坏死性肺炎症状和病变。本病多呈最急性和急性型经过，致病猪突然死亡；也有的病猪表现为慢性经过或呈衰弱性消瘦、衰竭性疾病过程。成年猪或呈隐性过程或仅表现为呼吸困难。本病流行态势日趋严重，已成为世界性集约化养猪生产模式中五大重要疫病之一。

【临床症状】该病主要发生于2~6月龄的仔猪和中猪，临床上分为最急性型，急性型，亚急性型及慢性型等多种类型。同一猪群内可能出现各种类型的病猪，如急性、亚急性、慢性型等。新生仔猪患该病时通常伴有败血症症状。猪接触性传染性胸膜肺炎常表现为个别猪突然发病，急性死亡，随后大批猪陆续发病，临死前常有带血泡沫从口、鼻流出。病猪常于出现临床症状后24~36小时内死亡，也可能在没有出现任何临床症状情况下突然倒毙。在本病发生初期，妊娠母猪常发生流产情况。

【诊断】在急性暴发期，胸膜肺炎在临床上易于诊断。

（1）急性病例　断奶期至肥育期的猪出现高热，病情发展迅速，病猪出现极度呼吸困难症状，拒食（图5-33）。尸检时可见带有胸膜炎的肺部病变。在组织病理学检查中可见肺部炎性坏死灶周围出现嗜中性白细胞聚集和渗出性肺炎病变，则可确诊。

（2）慢性感病例　剖检时在胸膜及心包有硬的、界线分明的囊肿。在进行肺病变区的涂片、革兰氏染色时可发现大量阴性球杆菌。细菌学检查对该病的诊断极为重要，从新鲜死尸的支气管、鼻腔的分泌物及肺部病变区很容易分离到该病的病原菌。

对于本病的急性病例要与猪瘟、猪丹毒、猪肺疫及猪链球菌病等相鉴别；在慢性病例应与猪气喘病、多发性浆膜炎等相鉴别。猪肺疫为急性发热性传染病，猪气喘病是一种慢性传染病。当出现急

图 5-33　呼吸困难，精神沉郁

性死亡时，体温升高情况要与猪瘟相鉴别。有肺炎变化情况要与猪肺疫相鉴别。有纤维素胸膜肺炎情况要与链球菌感染相鉴别。当本病由急性转为慢性时要与猪气喘病相鉴别。

第十八节　猪伤寒

猪伤寒是由沙门氏杆菌感染引起的猪的传染病，临床上分为急性、亚急性和慢性型，主要表现为败血症和肠炎症状。6 月龄以下的猪都能发病，但以 1~4 月龄的仔猪发病较多，故本病又称为仔猪副伤寒。

【临床症状】

（1）急性败血型　病猪体温高达 41~42℃，精神不振，食欲废绝，病后期有下痢症状，呼吸困难，耳根、胸前和腹下皮肤呈瘀血性紫斑（图 5-34）。病程多为 2~4 日，病死率很高。

（2）急性型　病猪体温升高至 41~42℃，皮肤有紫斑，临床上以下痢为主要症状，排出腥臭粪便，粪中有时带血，有时发展成急性败血症而突然死亡。

（3）慢性型　病猪体温 40.5~41℃，食欲不振，喜钻草窝，日

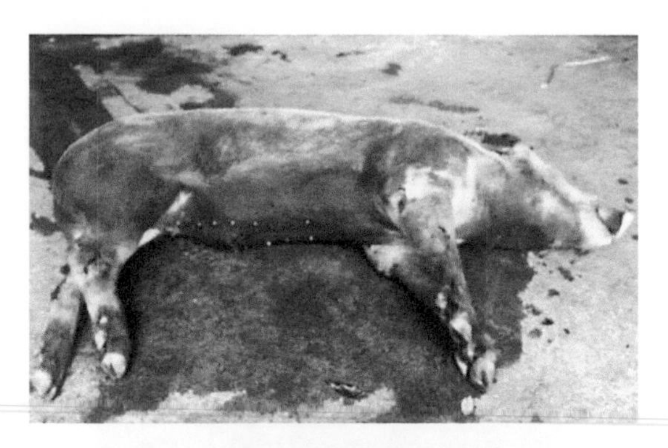

图 5-34　耳根、胸前和腹下皮肤有紫斑

渐消瘦，发病数日后病猪可因严重脱水而死亡（图 5-35）。一般发病过程为，初期症状为水样黄色稀便，下痢持续 3~7 日后自动停止，数日后复发持续性的顽固性下痢持续数周，粪便呈灰白或灰绿色，恶臭，水样。下痢便偶尔含血液及黏液。病程 2~3 周，病愈后一些猪从此开始发育不良，皮肤出现形成痂的湿疹、紫斑，耐过者变成僵猪。

图 5-35　病猪腹泻，脱水，消瘦

【诊断】根据临床症状及病理剖检特点可以做出初步的临床诊断，确诊需进行病原的分离与鉴定。

【治疗】

（1）用常用的抗生素治疗发病的猪只效果不佳。治疗前最好先分离细菌进行药物敏感性试验，以选用敏感的抗生素。通常拜有利等有良好的治疗效果。治疗应与改善饲养管理同时进行。

（2）隔离病猪，封锁疫区，严格消毒。具体方法如下。

①可用拜有利（注射液、口服液）、百病消、拜利多、海达注射液、乳酸诺氟沙星、北方止痢神、重泻康以及558消炎退热灵等药物进行治疗。②使用磺胺-5-甲氧嘧啶或磺胺-6-甲氧嘧啶与磺胺甲氧苄啶，按5∶1配合，25~30毫克/千克体重投服，1~2次/日，连服5日。③用土霉素、呋喃类药物进行治疗，同时进行对症治疗，即对病猪采用补液、强心等疗法。

第十九节　猪链球菌病

猪链球菌病是由C、D、F及L群链球菌引起的猪的多种疾病的总称。分为急性型与慢性型，急性型常为出血性败血症和脑炎；慢性型以关节炎、内膜炎、淋巴结化脓及组织化脓等为特征（图5-36，图5-37）。

图5-36　最急性猪链球菌病发病死亡猪

图5-37　关节肿大，疼痛，跛行，甚至不能站立

【临床症状】本病潜伏期多为1~5日或更长。

【诊断】本病症状和病变较复杂，易与急性猪瘟等病相混淆，因此确诊要进行实验室诊断。

（1）镜检。病猪的肝脏、脾脏、肺、血液、淋巴结、脑、关节囊液、腹、胸腔积液等均可作涂片，染色镜检，如发现单个、成对或呈短链的革兰氏阳性球菌，即可确诊。

（2）分离培养。取上述病料接种于血液琼脂平皿，37℃培养24~48小时，可见β溶血的细小菌落，取单个的纯菌落进行生化试验和生长特性鉴定。选取菌落抹片、染色、镜检亦见上述相同细菌。

（3）动物接种。病料制成悬液，给家兔皮下或腹腔注射，或小鼠皮下注射，接种动物死亡后，从心血、脾脏抹片或分离鉴定，进一步确诊。

【防治】

（1）预防措施。隔离病猪，清除传染源。屠宰后发现可疑病猪的猪胴体，经高温处理后方可食用。免疫预防疫区（场），在60日龄首次免疫接种猪链球菌病氢氧化铝胶苗，以后每年春、秋各免疫1次。药物预防猪场发生本病后，如果暂时买不到菌苗，可用药物预防以防止本病的发生。每吨饲料中加入广谱抗生素，连续4~6周。

（2）药物治疗。将病猪隔离，按不同病型进行相应治疗。对淋巴结脓肿，待脓肿成熟（变软后）及时切开，排除脓汁，用30%过氧化氢或0.1%高锰酸钾溶液冲洗后，涂以碘酊。对败血症型或脑膜炎型，应早期大剂量使用抗生素或磺胺类药物，也可用乙酰环丙沙星治疗，能迅速改善症状，且疗效明显。

（3）公共卫生。加强生猪检疫，凡宰前检出病猪的，应紧急隔离治疗，恢复后2周方能宰杀。宰后发现可疑病变者应进行无害化处理。急宰猪应另设急宰间进行处理，防止污染健康猪肉。凡急宰病猪未经无害化处理不准出售。屠宰间的泔水必须煮沸后才能饲喂。

同时加强屠宰场及生猪交易市场的消毒卫生制度。人类要远离病畜，不食用病死猪肉及未经无害化处理的病猪肉，不直接接触病死动物。注意阉割、注射和接生断脐等手术的消毒。一旦该病暴发流行，根据《动物防疫法》，应立即采取紧急隔离封锁及措施，及时控制扑灭动物疫病。

第二十节　猪疥癣（猪螨虫病）

猪疥癣是由疥螨科的疥癣虫潜伏于皮肤内所引起的，猪的慢性接触性皮肤外寄主虫病，也称猪螨虫病。此病为猪皮肤病中最普遍和最主要的一种，没有被猪螨虫病侵扰的猪场很少。猪疥癣症容易诊断，当一大群猪出现瘙痒症状时，常是被疥癣虫感染的征兆。

【临床症状】本病在5月龄以下的仔猪多发。感染常由头部的眼圈、颊部和耳朵开始，然后病变蔓延到体表及四肢，严重时感染波及全身。本病重要的临床症状是瘙痒，患部因摩擦而出血，被毛脱落。皮肤出现小的红色斑、丘疹。皮肤的渗出液结成痂皮，皮肤增厚（图5-38），出现皱褶或皲裂。螨虫多数聚集在耳郭的内侧面（因为避光、黑暗），形成结痂性病变（图5-39）。角化过度性螨病病变主要见于成年猪。

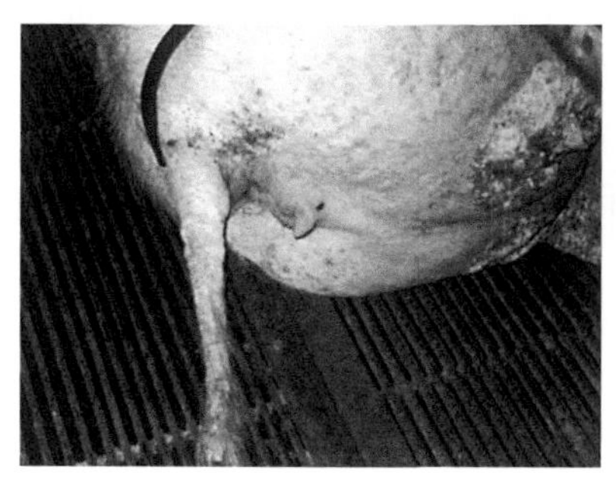

图5-38　结缔组织增生和皮肤增厚

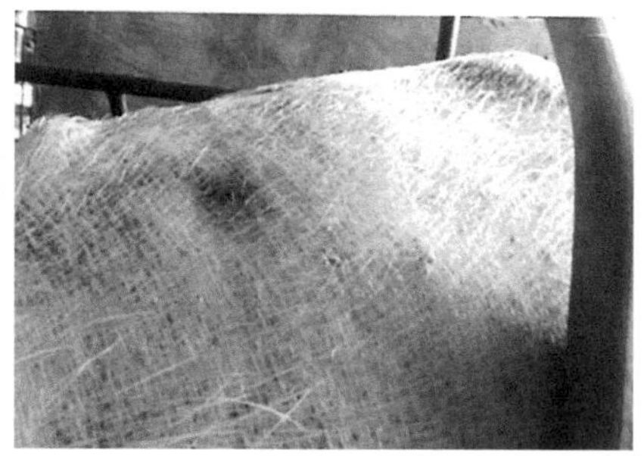

图5-39　皮肤结痂

被猪螨虫病感染的仔猪可能会患油皮症，在显微镜下检查皮肤碎皮屑可以找到疥癣虫，特别是耳部皮肤。

【诊断】最常见、最有诊断意义的临床症状为幼猪擦痒，皮肤出现小的红斑丘疹。确诊本病必须查到螨虫。可靠的诊断方法是用手电筒检查种猪耳内侧的结痂，取出结痂，检查螨虫。将结痂弄碎，放在黑纸上，几分钟后轻轻将结痂移走，则可见到螨虫用足吸盘附着在纸上。可用肉眼直接观察螨虫，也可用放大镜观察。

更灵敏的检查方法是用10%氢氧化钾溶液消化结痂，然后用低倍生物显微镜观察。将耳廓刮屑置于平皿内振动并低温加热6~24小时，可收集到大量的螨虫，螨虫附着于平皿的底部。

本病应注意与湿疹、秃毛癣病、虱和毛虱病相鉴别。

湿疹：无痒感或不剧烈，在温暖的厩舍中痒感亦不加剧，皮屑内无螨虫。

秃毛癣病：健部与患部界线明显，常见圆形或椭圆形，表面覆有疏松、干燥以及易剥离的浅灰色痂皮，剥离痂皮后皮肤光滑，无痒感。检查病料可见真菌孢子和菌丝。

虱和毛虱病：皮肤正常，不增厚，不起皱，不变硬，在患部可发现吸血虱或毛虱，病料中无螨虫。

【防治】

（1）用0.15%力高峰喷雾或用赛巴安喷洒猪皮肤有良好的驱虫效果。驱虫时必须对全场猪只或整个猪舍同时处理。对所有的猪栏都要进行清洗及喷药。这样的驱虫过程重复1次为佳，间隔时间为10日。伊维菌素也可作为本病的驱虫药物。有效控制猪疥癣的方案有：把经驱虫后的妊娠后期母猪移入分娩舍；对所有的断乳仔猪进行驱虫；对新引进的猪只必须进行驱虫；对公猪群1年进行2次驱虫。

（2）可口服驱虫药物（芬苯达唑）。也可使用传统喷雾方式驱螨，药物有：有机氯制剂（林丹）、有机磷制剂（马拉硫磷、敌百虫）、亚胺硫磷喷洒剂、双甲脒喷洒剂、螨净等，且要注意不要引起中毒。

（3）对环境和圈舍用石硫合剂原液喷洒，每周1次。对大猪和中猪用石硫合剂（大猪用原液，中、仔猪加等量水倍量稀释）全身喷洒，每15日1次。石硫合剂配方：生石灰3千克、硫黄7千克，加水100升，混合煮30分钟，取上清（茶褐色）而成。仔猪用赛巴胺10毫升/4千克体重，沿背中线画一条线。也可用拜美康拌料防治本病。对重症猪用畜虫净进行皮下注射。

第二十一节　猪弓形虫病

猪弓形虫病是由寄生虫中的龚地弓形虫引起的一种人畜共患的原虫病。寄生于各种动物体内的弓形虫在形态和生物学特性方面均无差异。本病症状与猪瘟十分相似，表现为持续高热和全身症状。

【临床症状】本病的主要临床症状与猪瘟、猪流感很类似，应注意区别。病初病猪体温升高至40~42℃，可持续7~10日。食欲减少或废绝，便秘。病猪耳、唇及四肢下部皮肤发绀或有瘀血斑（图5-40，图5-41）。咳嗽，呼吸困难，严重时呈犬坐姿势。鼻镜干燥且有鼻漏。母猪症状不明显，但可发生流产、早产及死胎。患病仔猪多数下痢，排黄色稀粪。

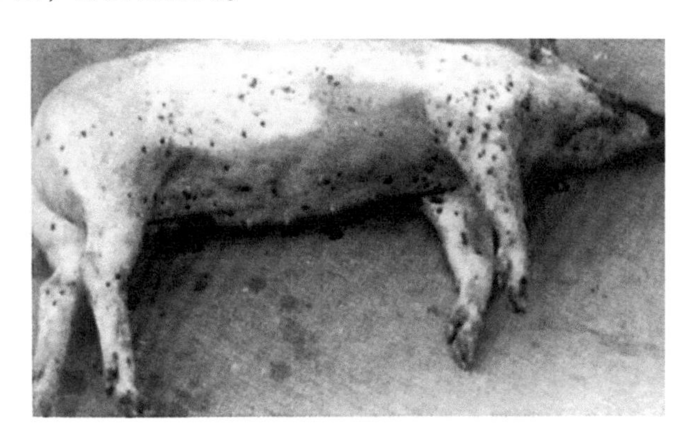

图5-40　猪皮肤出血，结痂（4月龄）

【诊断】

（1）临床诊断要点。病猪体温升高，持续高热，全身症状明显。后肢无力，行走摇晃，喜卧。呼吸困难。耳尖、四肢及胸腹部出现紫色瘀血斑。病初便秘，后期腹泻。在成年猪常表现亚临床感染情况，症状不明显。妊娠母猪可发生流产或死产。

肺水肿和充血。在胸腔内出现含血样液体。淋巴结肿大。在肝

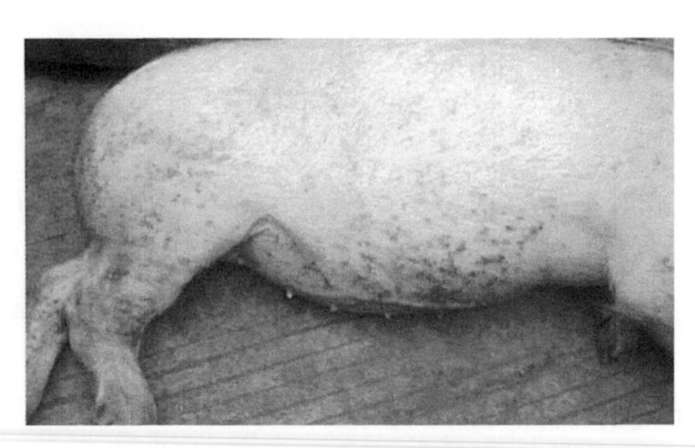

图 5-41　腹部、四肢出现紫红色斑点

脏、肺、心脏、脾脏和肾脏均可见到坏死点。

（2）实验室诊断要点

①直接抹片镜检。取肝脏、脾脏、肺和淋巴结等剖检样做成抹片，用姬姆萨氏或瑞特氏液染色，于油镜下发现月牙形或梭形的虫体，核为红色，细胞质为蓝色。②动物接种。以病猪血液或肝脏、脾脏、脑组织制成 1∶10 蒸馏水乳剂，给小鼠腹腔注射 0.2~1 毫升，观察 20 日，在小鼠的腹水或肝脏、脾脏、淋巴结中可发现大量虫体。病初病猪体温高时，有时在血液中能够查到弓形虫。③鸡胚接种。以病猪的肝脏、脾脏、脑组织制成乳剂，给 5~11 日龄的鸡胚作绒毛尿囊膜接种，在 7~10 日内于死亡鸡胚的尿囊膜液及肝脏、脑、肺等组织中可发现大量虫体。

（3）血清学诊断要点。可用染色试验、间接凝集试验、酶联免疫吸附试验等方法进行本病的诊断。本病应与猪瘟、败血型副伤寒、急性猪丹毒和炭疽等疾病相鉴别。

【防治】

（1）预防方案。猫是本病唯一的终末宿主。故在猪舍及其周围应防止猫出入，猪场饲养管理人员应避免与猫接触。目前，尚未研制出有效的疫苗，猪场一般性的防疫措施都适用于本病。在猪场和疫区可选用敏感药物进行预防，连用 7 日，可防止弓形虫感染。每日给猪喂大青叶 100 克左右，连喂 5~7 日，有预防发病和缩短病程作用。要防鼠、灭鼠，防止饲草、饲料被鼠、猫粪污染。选用的灭鼠药为立克命粉、液剂。禁止用未经煮熟的屠宰废弃物和厨房垃圾喂猪。加强环境卫生与消毒管理，由于卵囊能抵抗酸碱和普通消毒剂，因此，可选用火焰、3%氢氧化钠溶液、1%来苏尔、0.5%氨水以及日光下暴晒等方法进行消毒。

（2）治疗方案。对症状较重的病猪，可用磺胺-6-甲氧嘧啶，用量为0.07克/千克体重，磺胺嘧啶用量为0.07克/千克体重，10%葡萄糖100~500毫升，混合后进行静脉注射。此法在病初可1次治愈，1般需要2~3次。对症状较轻的猪，可使用磺胺-6-甲氧嘧啶，用量为0.07克/千克体重进行肌内注射，首次加倍，每日2次，连用3~5日即可康复。

磺胺类药物对本病有较好的疗效。常用的如莎磺片加甲氧苄啶（TMP）或二甲氧苄啶等，用量为0.1克/千克体重，口服，每日2次，连用5日。使用增效横胺-5-甲氧嘧啶注射液，用量为0.07克/千克体重。每日1次，连用3~5日。

第二十二节　赤霉菌毒素中毒

猪赤霉菌毒素中毒是由于猪采食了发生赤霉病的小麦或玉米等所致。被镰刀菌感染的小麦、玉米发生赤霉病。

【临床症状】在赤霉病小麦中有两种毒素对猪产生毒性作用：一种是玉米赤霉烯酮，该毒素作为一种类雌激素物质，可导致猪的生殖器官发生机能和形态上的变化；另一种是单端孢霉烯及其一些衍生物，能导致猪拒食、呕吐、流产和内脏器官出血性损害。

（1）玉米赤霉烯酮中毒的症状。母猪阴户肿胀，乳腺增大，子宫增生。起初阴道黏膜仅有轻度充血和发红现象，随后阴户、阴道内部黏膜出现肿胀，直至过度肿胀向阴户外挤压，使阴道凸出于阴户外面，甚至发生阴道垂脱现象（图5-42，图5-43）。小母猪可出现假发情症状，或延长发情周期。公猪或去势猪可出现包皮水肿和乳腺肿大情况。母猪出现不孕，胎儿干尸化症状，也可见胎儿被吸收和流产情况。青年公猪中毒后表现性欲降低，睾丸变小。

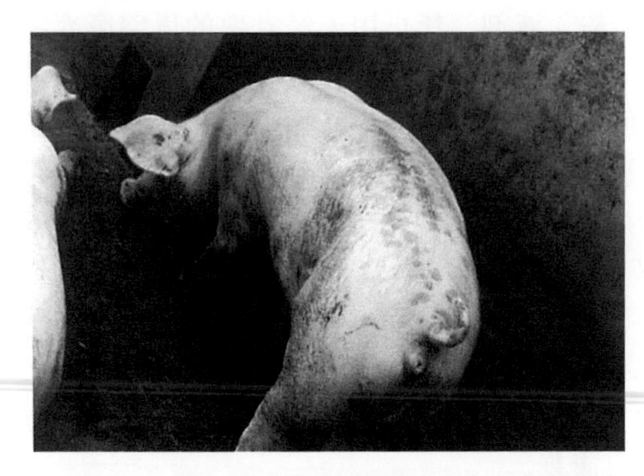

图 5-42　肥育猪外阴红肿

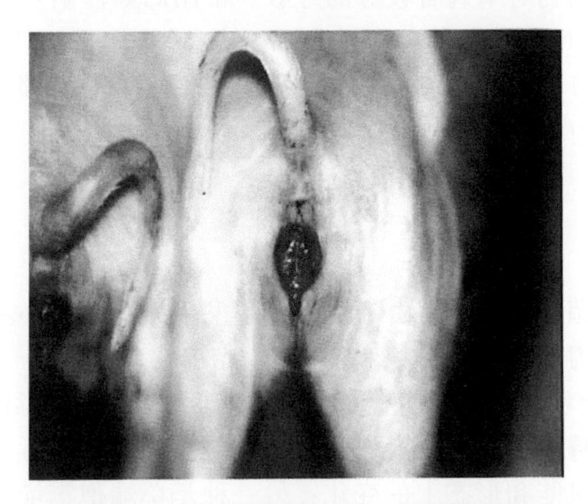

图 5-43　肛门及阴部出血，或形成坏死

（2）单端孢霉素类中毒的症状。特征性症状是病猪拒食，呕吐，体重增长缓慢，一般性消化不良，也有腹泻情况，偶尔出现死亡情况。该毒素对维生素 K 有拮抗作用，因此中毒的猪伴有凝血酶原不足，凝血时间延长等凝血障碍情况。该毒素还是一种免疫抑制剂。

【诊断】猪只有饲喂霉败饲料的病史、符合本病的临床症状及病理剖检特点。也可进行实验接种、霉菌分离培养，以便实施进一步鉴别诊断工作。

【预防】严格禁止饲喂霉败、变质的饲料及原料。使用防霉与脱毒的方法，以防止饲料霉败为主。

（1）防霉。防止饲料（草）霉败的关键是控制水分和温度，采取措施对饲料谷物尽快进行干燥处理，并于干燥、低温处贮存。

（2）脱毒。目前尚无较有效的方法。可用碱液（1.5%氢氧化钠或草木灰水等）处理饲料，或用清水多次浸泡，直到泡洗液清澈无色为止，然后将饲料晾晒干燥。即便使用经过这种方法处理的发霉饲料，也不能过量饲喂。此外，预防单端孢霉素类中毒的措施还有使用饲料毒素吸附剂、化学或物理方法脱毒，例如，使用硅铝酸钙、膨润土和亚硫酸氢钠等去除毒素。

【治疗】严格意义上讲对于本病无特效疗法。

（1）对于急性中毒时。可用0.1%高锰酸钾溶液、清水或弱碱液对病猪进行灌肠、洗胃，然后投服缓泻剂（如硫酸镁、硫酸钠、液状石蜡等）尽快排出毒物，同时停喂精料，只喂青绿饲料，待症状好转后再逐渐增添精料。

（2）在玉米赤霉烯酮中毒时。对于成熟的且正处于休情期的未孕母猪，一次给予10毫克剂量的前列腺素或者连续给予前列腺素2日，之后每日5毫克剂量，有助于清除滞留的黄体，恢复繁殖功能。

（3）在单端孢霉素类中毒时。抗呕吐药（对5-羟色胺受体具有特效拮抗作用）可用于缓解由该类中毒引起的病猪呕吐症状。因为该病呕吐属于中枢性呕吐，高剂量抗胆碱药物对呕吐中枢具有直接的抑制作用。

主要参考文献

李健，刘志军，李晓霞 . 2019. 猪组织学彩色图谱 [M]. 北京：中国水利水电出版社.

李新建，乔松林 . 2019. 现代精准高效绿色养猪技术 [M]. 郑州：河南科学技术出版社.

王胜利，等 . 2018. 猪病诊治彩色图谱 [M]. 北京：中国农业出版社.

吴德 . 2019. 猪标准化规模养殖图册 [M]. 北京：中国农业出版社.

吴买生，武深树 . 2016. 生猪规模化健康养殖彩色图册 [M]. 长沙：湖南科学技术出版社.

谢实勇 . 2018. 画说生猪健康养殖实用技术 [M]. 北京：中国农业科学技术出版社.

张涛，刘强 . 2019. 猪生产 [M]. 北京：科学出版社.

张占峰 . 2019. 科学养猪技术 100 问 [M]. 石家庄：河北科学技术出版社.

郑瑞峰，王玉田 . 2017. 图说猪病诊治 [M]. 北京：机械工业出版社.

周元军 . 2016. 图说高效养猪 [M]. 北京：机械工业出版社.

朱丹，邱进杰 . 2019. 规模化生猪养殖场生产经营全程关键技术 [M]. 北京：中国农业出版社.